JN044096

現場の
即戦力

野尻一男◉著

改訂版

はじめての
半導体
ドライエッチング
技術

技術評論社

本書は2012年に刊行された『はじめての半導体ドライエッチング技術』に最新情報を大幅加筆したものです。

まえがき～改訂にあたって

「はじめての半導体ドライエッチング技術」は2012年に初版が出版されて以来，現場における実践の書として，また企業や大学における教科書として多くの方々にご愛読いただいてきた。この間，半導体の微細化・高集積化の進展はとどまるところを知らず，次々と新しい技術が導入されている。ロジックデバイスの寸法は10 nmを切り，原子レベルでのプロセス制御が必要になってきた。これを実現するドライエッチング技術としてアトミックレイヤーエッチングが実用化の段階にある。フラッシュメモリは3D NANDに代表される3次元構造に移行し，96層の3D NANDが量産されている。そこではアスペクト比60以上の深いメモリホールをエッチングする技術が必要となる。また初版で解説したダブルパターニングはさらに進化し，10 nm以下のパターンを形成可能なクワッドパターニング（SAQP）が量産に使われている。このような背景のもと，最先端半導体の開発や製造に携わる読者のニーズに沿うべく，最新の技術を追加した改訂版を出版するに至った。

今回の改訂では上述の新しい技術，すなわち現在最もホットな話題となっている1）アトミックレイヤーエッチング，2）3D NAND用高アスペクト比ホールエッチング，3）SAQP，を新たに追加するとともに，既存技術に関しても，寸法のウェハ面内均一性向上やチャンバ壁がプロセスに与える影響等，技術の進歩に合わせて一部改訂した。また，プラズマダメージに関しては，新たにゲート酸化膜破壊のメカニズムやゲート酸化膜破壊におよぼす温度の影響などを付加し，現象をさらに深く理解していただけるよう配慮した。改訂版の執筆にあたっては，難しい数式は使わず，ビギナーにもドライエッチングのメカニズムが容易に理解できるようにするという初版の考え方は変えていない。

本書では読者がドライエッチングの基礎から，装置，最先端の応用技術に至るまで系統的に理解できるよう配慮するとともに，より実践に近い知識を得ることもできるようにした。最新の技術を新たに加えた本改訂版がドライエッチング関係の仕事に従事するエンジニアに，業務を遂行する上での指針を与えることができれば幸いである。

2020年5月

野尻一男

旧版のまえがき

ドライエッチング技術は，半導体デバイスの微細化・高集積化を実現する手段として，リソグラフィ技術と双璧をなすキーテクノロジーであり，従事するエンジニアの数もリソグラフィと同じくらい多い。リソグラフィ技術は，解像度が光の波長と*NA*（レンズ開口数）で決まるため比較的容易に理解できる。それに対し，ドライエッチング技術はチャンバ内で起こっている現象が複雑であり，理解は容易ではない。また，プラズマを用いた物理化学反応でエッチングが進むため，電気，物理，化学の総合的な知識を必要とする。勢い，ドライエッチングに従事するエンジニアは，多くの場合，経験と勘に頼って仕事を進めているのが実情である。異方性エッチングはどのようにして実現できるのか，なぜ，SiエッチングにCl_2やHBrが使われ，SiO_2エッチングにフロロカーボン系のガスが使われるのか，なぜ，Poly-SiやAlのエッチングには，ICP（誘導結合型プラズマ）のような高密度プラズマが使われ，SiO_2エッチングには中密度プラズマのナローギャップ平行平板型エッチャーが使われるのか，こういったことに関する十分な理解や知識を持たないままビギナーはいきなり現場に送り込まれることが多い。またドライエッチングのベテランエンジニアであっても，これらのことを十分に理解していないケースもある。

ドライエッチングは，ともすればリソグラフィの陰に隠れた存在であるが，冒頭に述べたようにリソグラフィ技術と双璧をなすキーテクノロジーである。すなわち，1）Si，SiO_2，メタルなど，材料ごとに，固有の装置とプロセス技術がある，2）Cuダマシン配線加工，新材料加工など，次々と新しい分野が生まれている，3）荷電粒子を使うがゆえに起こるプラズマダメージはデバイスの歩留りを落とす元凶であり，メカニズムの解明と対策が必要である，4）今，ホットな話題となっているダブルパターニングは，リソグラフィ以上にドライエッチングが重要であり，寸法の精度・ばらつきを左右する。このような，多種多様な材料対応で，かつ，ますます高度化する加工技術にこれから従事しようとするエンジニアは，ドライエッチング技術に関する十分な理解を持って臨むべきであり，ビギナー向けの教科書が求められている。

本書はこれまでの本とは異なるユニークなアプローチで，ドライエッチング技術の基礎から応用までビギナーに理解できるようまとめた。これまでのドライエッチングの書は，ともすると難しいプラズマ理論に重きをおいたもの，あるいは逆にドライエッチング技術のデータの羅列に終始するものが多かった。本書は極力数式を使わないで，ビギナーにもドライエッチングのメカニズムが容易に理解できるように執筆した。また，プロセスから，装置，新技術に至るまで系統的に理解できるよう配慮してある。さらに，プラズマダメージの章を設け，その全容が理解できるようにしたことも特徴の一つである。

本書ではビギナーにドライエッチング技術の原理を容易に理解させるばかりでなく，より実践に近い知識を得ることもできるようにした。また，ビギナー向けに書かれているが，ある程度経験を積んだエンジニアがドライエッチング技術の全体像を理解するのにも役立つ書籍にしたつもりである。本書がドライエッチング関係の仕事に従事するエンジニアに，業務を遂行する上での指針を与えることができれば幸いである。

2011 年 10 月

野尻　一男

改訂版　はじめての半導体ドライエッチング技術　目次

改訂版　はじめての半導体ドライエッチング技術　目次

1章 半導体集積回路の発展とドライエッチング技術

近年，マルチメディアなどの高度情報機器の実用化が急速に進んでいるが，これらの電子情報産業の進歩を支えているのは，マイクロプロセッサ，メモリなど各種半導体集積回路（Large Scale Integration：以下LSIと記す）である。LSIの進歩は非常に速く，2年ごとに約2倍の速さで高集積化が進んできた。この高集積化のトレンドはムーアの法則と呼ばれている。また最小加工寸法は3年で約0.7倍に縮小されてきた。**図1-1**に半導体デバイスの微細化の進展を示す。2020年現在，5 nmノードのロジックデバイスが本格量産に入ろうとしている。

LSIの高集積化とはすなわち，一つのチップの中にいかに多くの素子を作り込むかということであり，一つ一つの素子をいかに小さく作るかが鍵である。これを実現するための基幹技術が微細加工技術である。微細加工技術は大別してリソグラフィ技術とドライエッチング技術から成っている。リソグラフィ技術は感光性材料であるレジストに所望の回路パターンを形成する技術である[1)]。ドライエッチング技術はこのレジストをマスクにして，ウェハ上に堆積した各種薄膜を部分的に除去し，レジストで形成した回路パターンを下地薄膜に転写する技術のことをいう。本章では次節以降でドライエッチング技術の概要と，LSIの高集積化にドライエッチング技術が果たす役割について述べる。

LSIの製造においては製造コストの低減も重要な課題である。そのため**図1-2**に示すように，ウェハの大口径化が進められてきた。ウェハ上

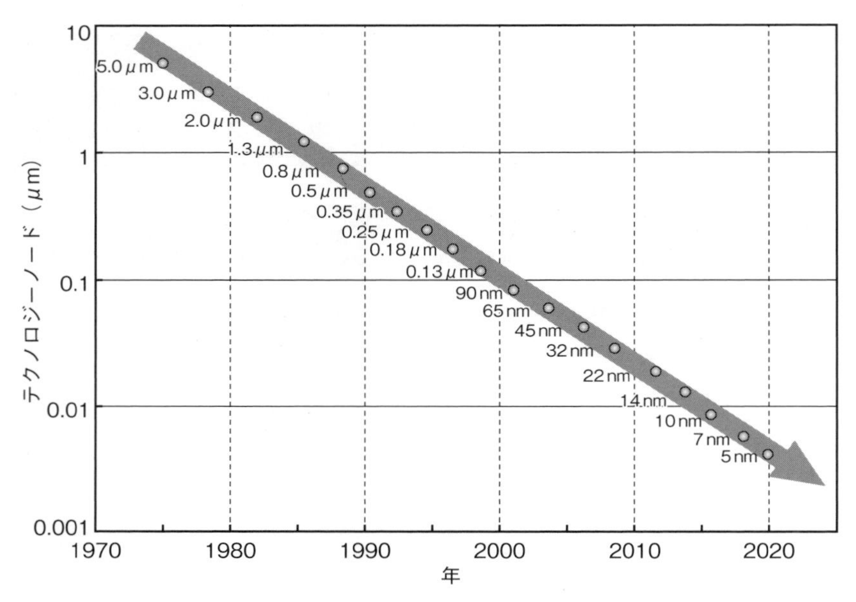

図1-1　半導体デバイスの微細化の進展

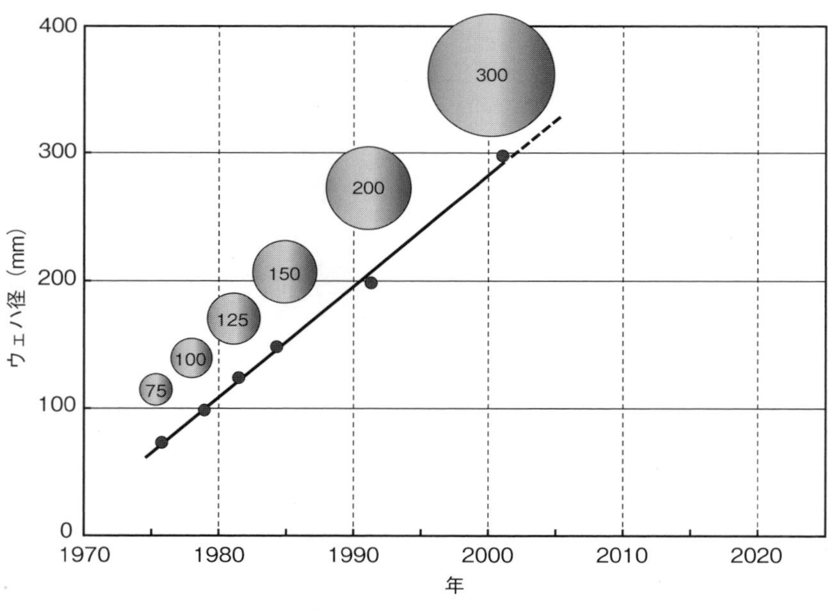

図1-2　シリコンウェハの大口径化

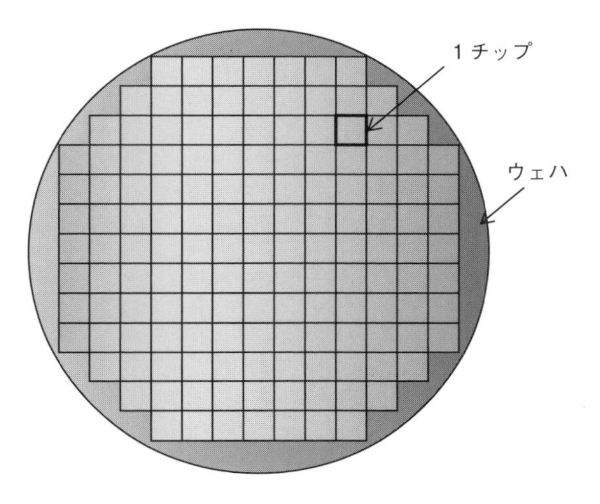

図1-3　ウェハ上に形成されたLSIチップ

には**図 1-3** に示すように多数の LSI チップが形成される。これらのチップパターンは，リソグラフィ工程において，露光装置（ステッパ）のステップ・アンド・リピートによりウェハ上に焼付けられる[1)]。ウェハを大口径化すると，ウェハ１枚あたりの取得チップ数が増えるため，１チップあたりのコストを低減できる。現在量産で使われているのは，直径 300 mm のウェハが最大であるが，次には 450 mm のウェハが使用される予定である。

以上述べてきたように，半導体産業においてはデバイスの微細化とウェハの大口径化が不可欠である。ドライエッチングには，これを実現するための技術革新が求められる。

1.1 ドライエッチングの概要

図 1-4 にドライエッチングの概要をまとめて示す。ここでは，代表例として平行平板型のドライエッチング装置を例にとって説明する。このタイプのエッチング装置は RIE（Reactive Ion Etching：反応性イオンエッ

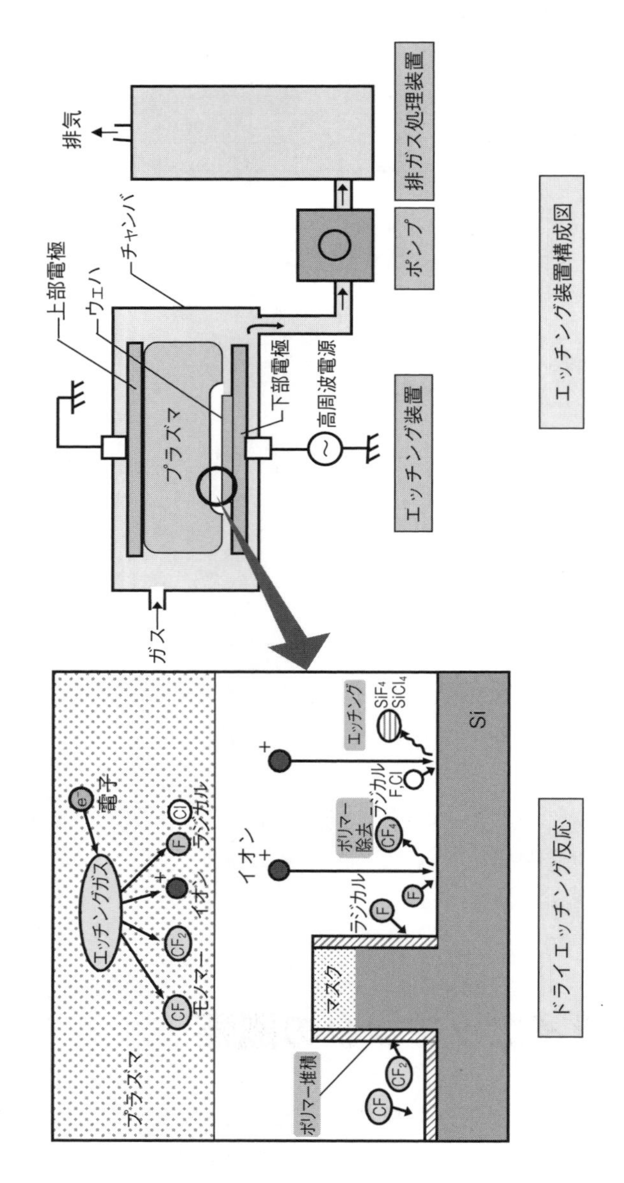

図1-4　ドライエッチングの概要

チング)と呼ばれている。まず，エッチングチャンバを高真空に排気した後，エッチングガスを導入する。次に相対する一対の電極に13.56 MHzのRFパワー(高周波電力)を印加するとプラズマが発生する。このプラズマの中でエッチングガスは解離し，イオン，ラジカルなどの反応種や，ポリマーを形成する基になるモノマーを生成する。これらの反応種やモノマーがウェハ表面に輸送され，被エッチ材料と反応する。この時ウェハ近傍では図1-4の左側に示すように，エッチングとポリマーの堆積が競合する複雑な反応が起こっている。この例ではCFやCF_2のモノマーがポリマーを形成し，パターン表面に堆積する。このポリマーはイオンとFラジカルの作用によって，CF_4の形で除去され，引き続き下地のSiがイオンとFやClラジカルの作用によってエッチングされる。このとき形成される反応生成物がウェハ表面から脱離し，エッチングが進行する。この反応生成物は最終的に排ガス処理装置を通して大気に排出される。

図1-5にドライエッチングのプロセスフローを示す。ここでは代表例

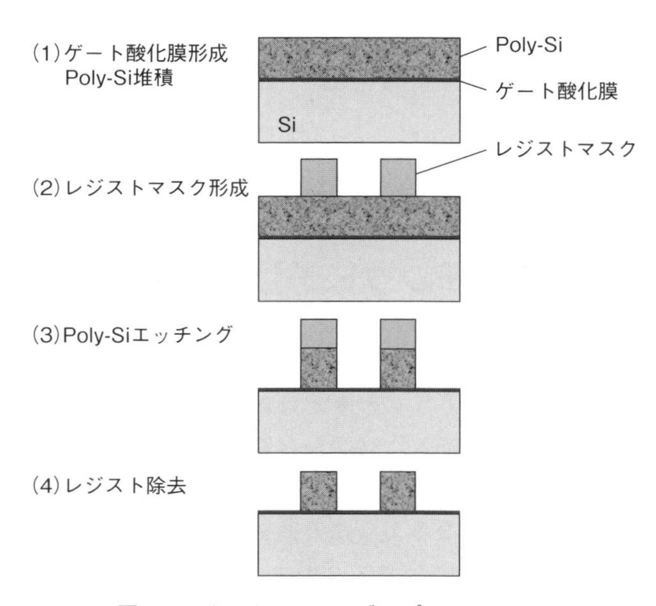

図1-5　ドライエッチングのプロセスフロー

図1-6　ゲートエッチングの実例[2)]

としてゲートエッチング工程を示してある。(1)まず，Si基板上にゲート酸化膜を形成する。その上にゲート材料となるPoly-Siを堆積する。(2)次にリソグラフィ技術によりレジストマスク（ゲートパターン）を形成する。(3)ウェハをドライエッチング装置の中に入れ，レジストをマスクにして下地のPoly-Siをエッチングし，ゲート酸化膜が露出したところでエッチングを止める。(4)不要となったレジストを除去し，Poly-Siゲートが完成する。**図1-6**に32 nmのゲートエッチング形状のSEM写真を示す[2)]。

1.2 ドライエッチングにおける評価パラメータ

ドライエッチングの性能を評価する上で必要なパラメータについて**図1-7**を用いて説明する。まずエッチ速度であるが，被エッチ膜のエッチ速度（ER_1）はエッチングに要した時間から算出する。被エッチ膜のエッチ速度はエッチング装置の処理能力，すなわちスループットに直接関わってくるため，極力速くなるように条件を設定する必要がある。下地膜のエッチ速度（ER_2），およびマスクのエッチ速度（ER_3）は膜の削れ量から算出する。

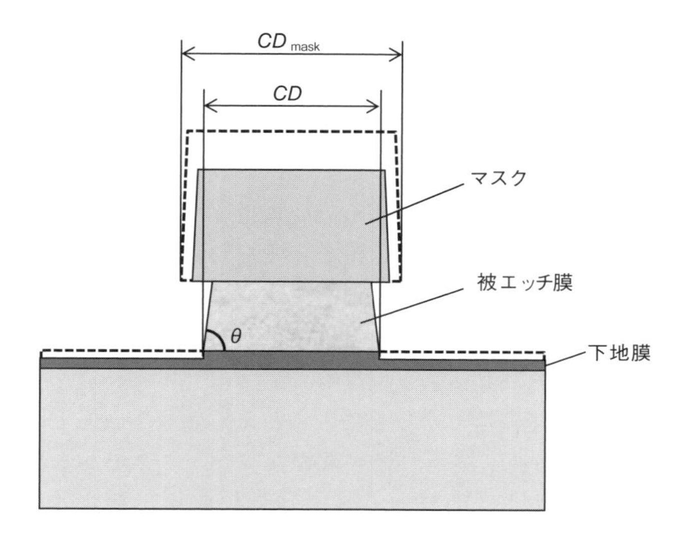

評価パラメータ

1. エッチ速度：被エッチ膜(ER_1)，下地膜(ER_2)，マスク(ER_3)
2. 選択比：被エッチ膜/下地膜=ER_1/ER_2，被エッチ膜/マスク=ER_1/ER_3
3. 仕上がり寸法：CD
4. 寸法シフト量：ΔCD= マスク寸法(CD_{mask})－仕上がり寸法(CD)
5. エッチ形状：テーパー角(θ)

図1-7　ドライエッチングにおける評価パラメータ

被エッチ膜と下地膜のエッチ速度の比（ER_1/ER_2），および被エッチ膜とマスクのエッチ速度の比（ER_1/ER_3）はそれぞれ対下地選択比，対マスク選択比と呼ばれる。これは被エッチ膜をエッチングするときに，下地膜やマスクをどれだけエッチングするかの指標になるパラメータである。ドライエッチングでは通常，被エッチ膜のエッチングが終了したジャストエッチの段階ですぐにはエッチングを止めず，必ずオーバーエッチをかける。これはエッチングの均一性や下地段差の影響で，ジャストエッチの時点では必ず部分的に被エッチ膜が残っているため，この残渣を除去するために行うものである。選択比が高いということはオーバーエッチ時の下地膜の削れ量が少なくて済むことを意味し，デバイスの微細化が進むにつれますます高選択比エッチングが要求されるようになってきている。たとえばゲート加工では，微細化が進むにつれ下地膜であるゲート酸化膜の薄膜化が進むため，選択比が高くないとゲート酸化膜を容易に突き破ってしまい，LSI の歩留り低下の原因となる。そのため下地ゲート酸化膜に対する高い選択比が要求される。対マスク選択比についても同様なことが言える。すなわち，微細化が進むにつれ，リソグラフィの解像度を上げるため，レジスト膜厚は薄膜化される。したがってエッチング中にレジストが消失しないようにレジストに対する高い選択比が要求されるようになる。

エッチング後の仕上がり寸法のことを *CD*（Critical Dimension）と呼ぶ。*CD* は微細加工技術の最も重要なパラメータである。たとえばゲート加工では，*CD* はトランジスタ特性に直接影響する。すなわち *CD* が MOS（Metal Oxide Semiconductor）トランジスタの閾値電圧 V_{th}（Threshold Voltage）を決める。*CD* がウェハ面内でばらつくと，V_{th} がウェハ面内でばらつき，歩留り低下の原因となる。したがってますます均一性の良いエッチングが必要とされるようになってきている。なお MOS トランジスタについては次節で説明する。

マスク寸法（CD_{mask}）からのシフト量を寸法シフト量 ΔCD と呼び，$\Delta CD = CD_{\mathrm{mask}} - CD$ で定義される。微細化の観点からはマスクに忠実にエッチングすることが必要であり，ΔCD は限りなくゼロに近づくよう条件設定をする必要がある。

最後にエッチ形状について述べる。テーパー角 θ は 90 度，すなわち垂直形状が理想である。θ が 90 度以上の逆テーパー形状は避ける必要がある。なぜならイオン打込み時に影になる部分が生じ，トランジスタ特性に悪影響を及ぼすことがあるからである。逆テーパー形状にならないよう条件を設定する必要がある。

1.3 LSIの高集積化にドライエッチング技術が果たす役割

LSIの製造工程のどの部分にドライエッチングが用いられるかを，DRAM（Dynamic Random Access Memory）を例にとって説明する。**図1-8**は典型的なDRAMメモリセルの断面図を示すものである。DRAMメモリセルは1つのMOSトランジスタと1つのキャパシタからなる。回路図を図1-8の右側に示す。MOSトランジスタを通してキャパシタに電荷を蓄積し，キャパシタに電荷があるかないかで‘1’，‘0’の識別をする。

図1-9に沿ってDRAMの製造プロセスフローを説明する。

(1) まずSi基板を準備する。

(2) STI(Shallow Trench Isolation：シャロートレンチアイソレーション)エッチングを行う。図ではレジストマスクの形成，およびSTIエッチ後のレジスト除去工程は省略してある。以下の説明においてもレジストマ

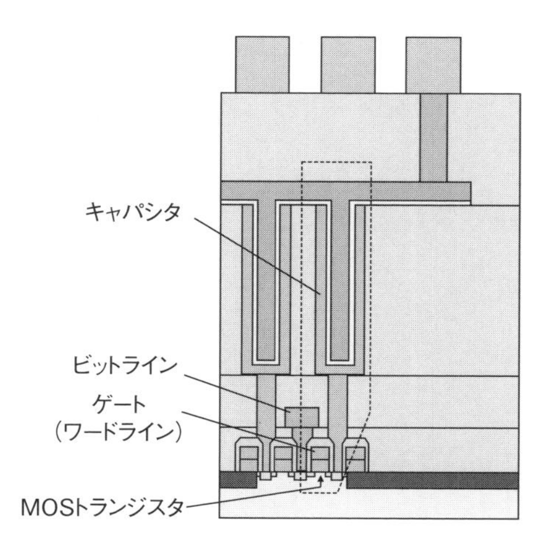

DRAMメモリセルの断面図

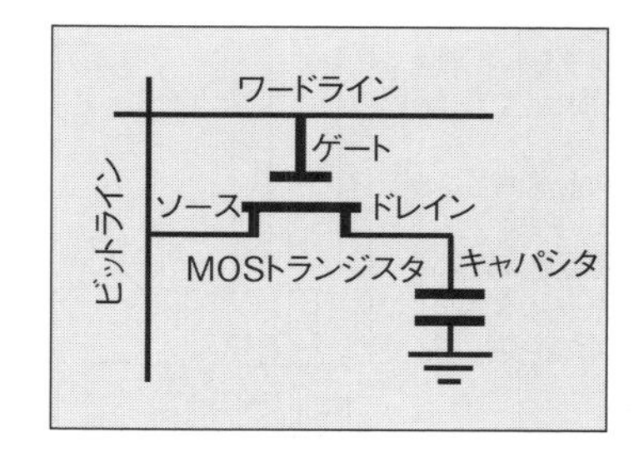

DRAMメモリセルの回路図

図1-8　DRAM メモリセルの構造

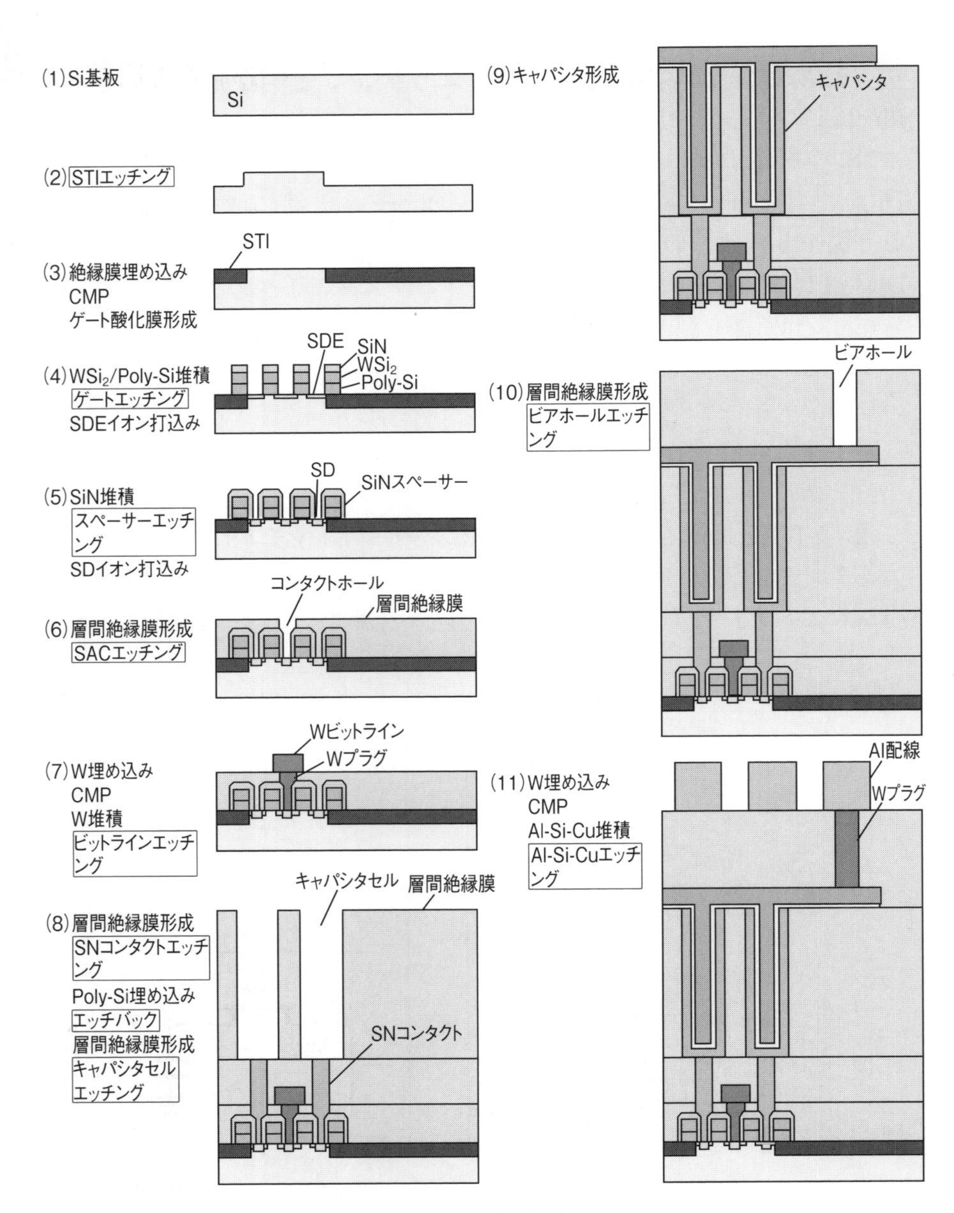

図1-9　DRAMの製造プロセスフロー

スクの形成，およびエッチ後のレジスト除去工程はすべて省略している。

(3) 次に，形成したトレンチの中に絶縁膜を埋め込み，CMP（Chemical Mechanical Polishing）で平坦化する。こうして素子間を分離するアイソレーション領域が形成される。引き続きゲート酸化膜を形成する。

(4) ゲート酸化膜上にPoly-Si，WSi_2，SiNを堆積し，ゲートエッチングを行うことにより，SiN/WSi_2/Poly-Si構造のゲートが形成される。次いでSDE（Source Drain Extension）イオン打込みを行う。

(5) ゲートの上にSiNを堆積し，引き続きドライエッチングを行うと，ゲートの側壁部は垂直方向に見たSiNの膜厚が厚いため，SiNがエッチングされずに残り，スペーサーが形成される。これをスペーサーエッチングと呼ぶ。次いでSD（Source Drain：ソースドレイン）イオン打込みを行い，ソースドレイン領域を形成する。ここまででMOSトランジスタの形成が終わる。MOSはMetal（金属：ゲート材料のこと。ここではWSi_2/Poly-Si）Oxide（酸化膜：ゲート酸化膜のこと）Semiconductor（半導体：ここではSi基板）の略である。MOSトランジスタではゲートに印加する電圧により，ソースドレイン間に流れる電流を制御する。以下，本書では，「トランジスタ」はすべて「MOSトランジスタ」のことを指す。

(6) 層間絶縁膜を形成した後，基板Siとのコンタクトホールを形成するためのSAC（Self-Aligned Contact）エッチングを行う。これはコンタクトホールを開口する際，エッチングのストッパとなるSi_3N_4膜でゲートを覆っておき，合わせずれが起こってもコンタクトホールとゲートがショートしないようにする技術である。詳しくは3章で説明する。

(7) このコンタクトホールの中にW（タングステン）を埋め込み，CMPで平坦化する。これはタングステンプラグと呼ばれる。この上にWを堆積し，これをエッチングしてビットラインを形成する。

(8) 層間絶縁膜を堆積し，SN（Storage Node：ストレージノード）コンタクトエッチングを行う。ここでもSACエチングのプロセスを用いる。SNコンタクトの中にPoly-Siを埋め込み，エッチバックして平坦化する。次に厚い層間絶縁膜を堆積し，セルエッチングを行う。このセルエッチングはキャパシタを形成するためのホールエッチングであるが，アスペクト比（深さ / 孔径）が非常に大きいため難易度が高い。高アスペクト比ホールのエッチングについては6章で詳しく述べる。

(9) このセルの中にキャパシタ下部電極（通常 Poly-Si など），キャパシタ絶縁膜，キャパシタ上部電極（通常 TiN など）を埋め込み，キャパシタを形成する。

(10) 層間絶縁膜を堆積した後，キャパシタと配線を接続するためのビアホールエッチングを行う。

(11) ビアホールの中に W を埋め込み，CMP で平坦化する。次いで，配線となる Al-Si-Cu を堆積し，エッチングして Al 配線を形成する。こうして DRAM のメモリセルが完成する。

以上述べたように，LSI は薄膜の堆積とドライエッチングの繰り返しで作られる。したがってエッチングの加工精度が LSI の特性や歩留りを大きく左右する。図1-9ではDRAMの製造工程を簡略化して説明したが，それでも，LSI の高集積化にドライエッチングが果たす役割がいかに重要かが理解できたことと思う。なお，このプロセスフローで出てきた個々のドライエッチングプロセスに関しては，3章で詳しく解説する。

〔参 考 文 献〕

1) 岡崎信次，鈴木章義，上野巧：「はじめての半導体リソグラフィ技術」，技術評論社（2011）.

2) S. Ramalingam, Q. Zhong, Y. Yamaguchi & C. Lee：Proc. Symp. Dry Process, p. 139（2004）.

2章

ドライエッチングのメカニズム

現在，ドライエッチングのプロセスを組み立てる主導原理が確立されているわけではない。しかし，反応の過程を考察することにより，プロセスを組み立てる上での指針を得ることができる。そのためにはドライエッチングのメカニズムを理解していることが必要である。本章ではプラズマの基礎から始め，数式や難しい理論を使わずに，ドライエッチングの反応過程，異方性エッチングのメカニズムをビギナーにも完全に理解できるように解説する。

プラズマの基礎では，プラズマとはなにかといった基本的なことから始め，プラズマの物理諸量，プラズマ中の衝突反応過程など，ドライエッチングのメカニズムを理解する上で必要な基本事項を一通り解説する。

次に異方性エッチングを実現する上で重要な役割を果たすイオンの挙動について考察する。ここでは，イオンシースの厚みや平均自由行程の具体的な数値を示し，シース内でのイオンの散乱現象が理解できるようにする。次にドライエッチングの反応過程，異方性エッチングのメカニズム，エッチ速度や選択比を支配するパラメータについて解説し，ガスの選定，圧力の設定など，プロセスを組み立てる上での指針が得られるようにする。

2.1 プラズマの基礎

1 プラズマとはなにか

最初にプラズマについて簡単に述べる。プラズマとは「電離状気体」を意味し，自由に運動する電子とイオンがほぼ同数存在し，巨視的には電気的に中性である状態のことをいう。電子密度（n_e）とイオン密度（n_i）はほぼ等しく，これらをプラズマ密度と呼ぶ。プラズマ中では電子は自由に動き回れるため，プラズマは導電体の性質を有する。

エッチングチャンバの一対の電極にRFパワーを印加すると，RFパワーによって形成される電界により電子は加速されて運動エネルギーを得，原子や分子と衝突する（**図2-1**(a)）。電子の運動エネルギーが電離エネルギー（電離電圧）以上の時，原子や分子の最外殻にある電子が飛び出し，その結果，中性であった原子や分子は正の電荷を持つようになる。これがイオンである（図2-1(b)）。一方，電子の数は，衝突した電子に分子や原子から飛び出した電子が加わり，計2つになる。これらの電子は電界で加速され別の原子や分子に衝突し，新たにイオンおよび電子を生成する。このようにしてイオン，電子の数がなだれ的に増加し，ある閾値を越えると放電が起こってプラズマが形成される。このメカニズムをまとめて**図2-2**に示す。

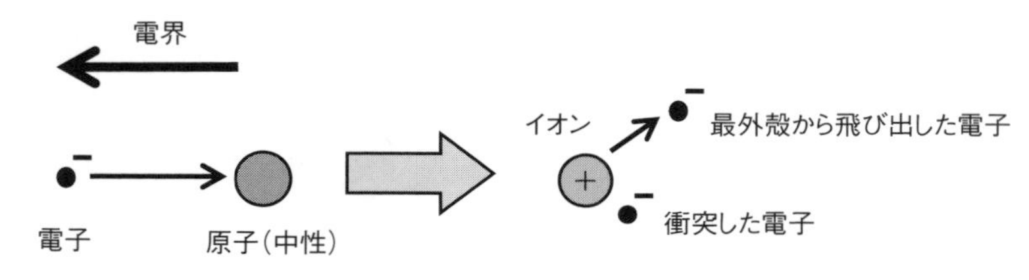

図2-1　電子と原子の衝突によるイオンの生成

プラズマには100%電子とイオンに分離した完全電離プラズマと，イオン化率が低く，イオン，電子および中性な原子や分子が混在する弱電離プラズマがある。ドライエッチングにはグロー放電が用いられる。グロー放電によるプラズマは弱電離プラズマの範疇に属し，正負同数のイオンと電子，および電気的に中性な原子や分子から構成されている。**図2-3**にグロー放電プラズマのモデル図を示す。グロー放電プラズマの電離度（イオン化率）は10^{-6}～10^{-4}のオーダーである。すなわち多くても10,000個に1個の割合で電離している程度である。大部分が中性粒子であり，中性粒子10,000個に対し，イオンおよび電子が各々1個存在するということになる。これが弱電離プラズマと呼ばれるゆえんである。圧力13.3 Pa（100mTorr）の時のガス分子数は3.5×10^{15} cm^{-3}であるから，電離度が10^{-4}の時のプラズマ密度は3.5×10^{11} cm^{-3}ということになる。グロー放電プラズマのプラズマ密度はおおよそ10^{9}～10^{12} cm^{-3}の範囲である。身近な例では蛍光灯がグロー放電プラズマである。

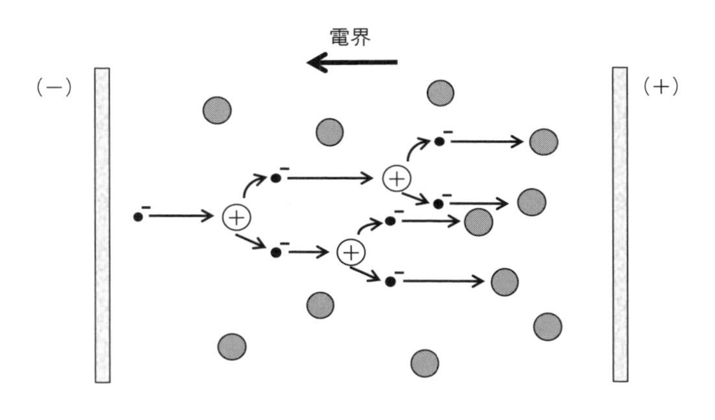

図2-2　気体放電の原理

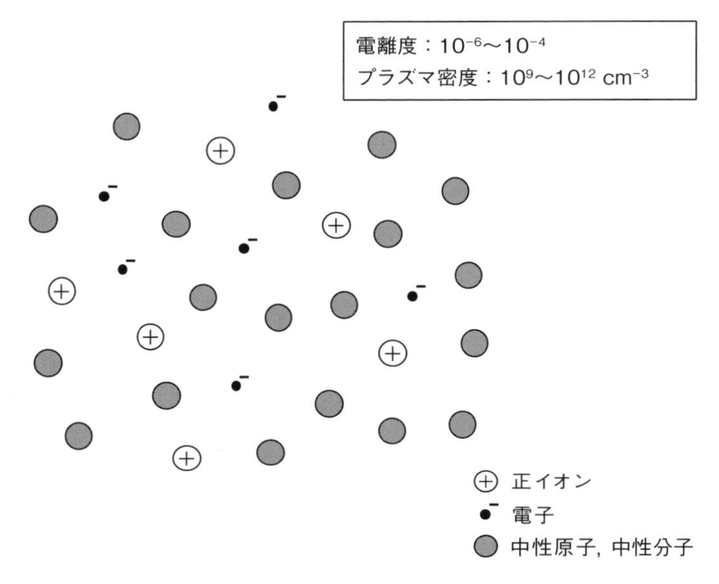

図2-3　グロー放電プラズマ（弱電離プラズマ）のモデル図

2 プラズマの物理諸量

強電離プラズマであるアーク放電プラズマおよび，弱電離プラズマであるグロー放電プラズマの物理諸量の典型的な値を**表 2-1** に示す[1) 2)]。グロー放電プラズマの特徴は，電子温度 T_e とガス温度 T_g との間に熱平衡が成立していないことである。電子温度とは電子の持つエネルギーのことであり，運動エネルギー $\frac{1}{2}m_e v_e^2$ との間には，

$$\frac{1}{2}m_e v_e^2 = \frac{3}{2}kT_e \qquad \cdots\cdots\cdots(2.1)$$

の関係がある。ここで，m_e：電子の質量，v_e：電子の速度，k：ボルツマン定数，である。

電子は非常に軽いため，電界によって加速され，大きな運動エネルギーを得る。グロー放電プラズマにおける平均電子エネルギーは数 eV である。電子エネルギーを 2eV とすると，(2.1) 式から電子温度 T_e は

表2-1　プラズマの種類と物理諸量[1) 2)]

プラズマの種類	発生法	プラズマ密度 (cm^{-3})	電子温度 T_e(K)	イオン温度 T_i(K)	ガス温度 T_g(K)
強電離プラズマ（高温プラズマ）	アーク放電	$>10^{14}$	6,000	6,000	6,000
弱電離プラズマ（低温プラズマ）	グロー放電	10^9〜10^{12}	〜10^4	300〜1,000	300

23,200K と計算される。一方，中性の原子や分子の温度，すなわちガス温度 T_g はほぼ室温（293K）である。すなわち，$T_e/T_g \simeq 80$ であり，電子温度 T_e とガス温度 T_g との間に熱平衡が成立していない。電子が 10^4K 以上の高温に相当するエネルギーを持つにもかかわらずチャンバやウェハが低温でいられる理由は，電子の質量が小さいことによる。このことから，グロー放電プラズマは低温プラズマとも呼ばれる。電子が原子や分子の励起，解離を起こすに十分なエネルギーを持つと同時に，ガス温度が装置温度に近いため，低温で種々の反応を起こすことが可能である。これがグロー放電プラズマが半導体プロセスに用いられる理由である。

アーク放電は強電離プラズマであり，プラズマ密度は $10^{14}cm^{-3}$ 以上である。電子温度 T_e，イオン温度 T_i，ガス温度 T_g の間には熱平衡が成立しており T_e=T_i=$T_g \simeq$ 6,000K である。そのため，アーク放電は高温プラズマと呼ばれる。

3 プラズマ中の衝突反応過程

プラズマ中でエネルギーを得た電子は原子や分子に衝突する。衝突は弾性衝突と非弾性衝突に分類される。**図 2-4** にプラズマ中の衝突反応過程をまとめて示す。弾性衝突では運動エネルギーのみが変化し，内部エネルギーは保存される。電子のエネルギーが低いときはこの衝突が起こりやすい。図 2-4 の例では，電子は跳ね返されて方向を変える。電子のエネルギーの一部は原子の運動エネルギーに乗り移るため原子はわずかな速度を得る。電子が衝突によって失うエネルギーはわずかである。

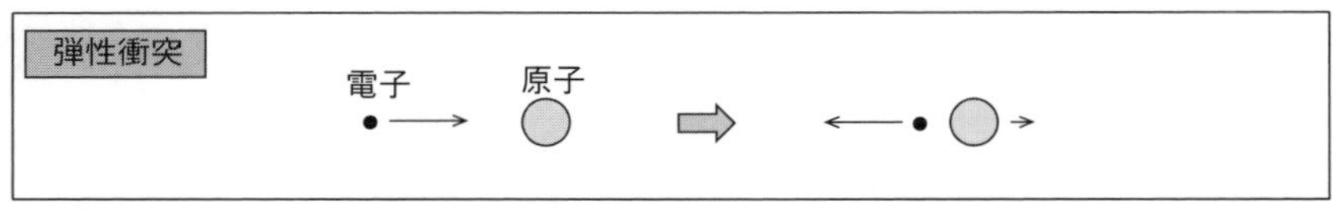

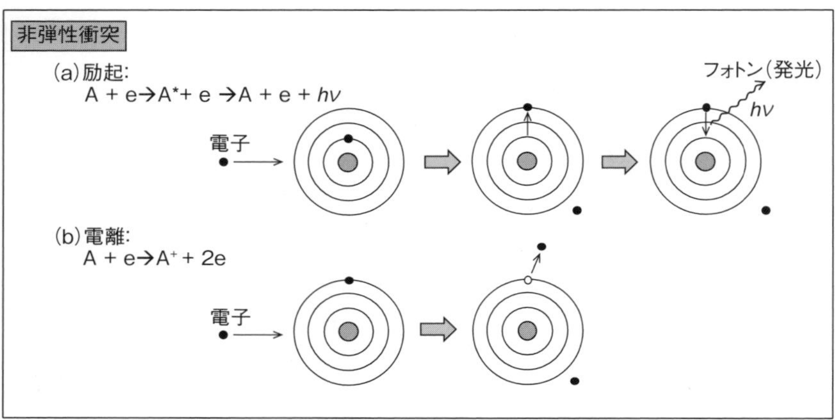

図2-4　プラズマ中の衝突反応過程

非弾性衝突では内部エネルギーも変換され，励起，電離，解離，電子吸着などが起こる。

(a) 励起：衝突電子が原子内の束縛電子にエネルギーを与え，より高いエネルギー準位に遷移させることをいう。一般的に励起状態は不安定であるため，励起された電子はこの状態に 10^{-8} 秒くらいしかとどまることができず，基底状態に戻る。このときに光を発する。プラズマが発光するのはこの原理による。励起の反応過程は下記のように表される。

$$A + e \rightarrow A^{*} + e \rightarrow A + e + h\nu$$

ここで A は中性原子を表し，A^{*} は A が励起状態であることを表す。h はプランクの定数，ν は発せられる光の振動数である。

(b) 電離：前述したように，衝突電子のエネルギーが電離電圧より大きいと，最外殻にある電子が放出され，中性粒子は正イオンとなる。このときの反応過程は下記のように表される。

$A + e \rightarrow A^+ + 2e$

(c) 解離：衝突電子により分子の結合エネルギー以上のエネルギーが与えられると，解離が起こる。このときの反応過程は下記のように表される。

$AB + e \rightarrow A + B + e$

分子が解離するとその生成物は元の分子より化学的な活性度が増し，反応性に富んだ粒子となる。このように活性化された状態にある粒子はラジカルと呼ばれる。なお CF_4 は一度励起状態を経ると，容易に CF_3 ラジカル（$CF_3^{\cdot}$）と F ラジカル（$F^{\cdot}$）に解離することが報告されている[3)]。反応過程は下記のように表される。

$CF_4 \rightarrow CF_4^* \rightarrow CF_3^{\cdot} + F^{\cdot}$

(d) 電子吸着：原子に衝突した電子が吸着し，負イオンとなる。このときの反応過程は下記のように表される。

$A + e = A^-$

2.2 イオンシースおよびイオンシース内でのイオンの挙動

1 イオンシースと V_{dc}

まず，ドライエッチングのメカニズムを理解する上で非常に重要なファクターである V_{dc} について説明する。**図 2-5** に示すような平行平板型のドライエッチング装置（RIE）では，相対する一対の電極のうち，ウェハが乗っている電極側に RF 電源がブロッキングキャパシタを介して接続されており，対向する上部電極はアース電位となっている。RF 電源の周波数としては 13.56 MHz が良く使われる。すなわち電界の方向が

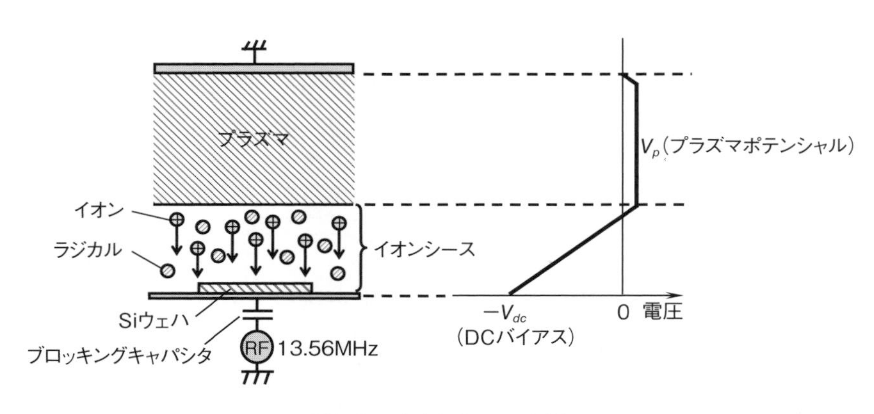

図2-5　イオンシースとV_{dc}

1秒間に13.56 × 10^6 回変化することになる。電子は質量が軽いため，この電界の変化に容易に追従して動くことが可能である。一方，イオンは質量が電子の約100,000倍と重いためRFの振動に追従できずその位置から余り動けない。したがって，電界で加速された電子のみが電極に飛び込む。下部電極はブロッキングキャパシタがあるため，次第に負の電位にバイアスされていく。こうして生成される直流（DC）バイアスは自己バイアスと呼ばれ，V_{dc}と記述される。V_{dc}の値はRFパワーに依存するが，SiやAlなどの導電性材料のエッチングにおいては，おおよそ数10～数100 V程度と考えてよい。**図2-6**に定常状態における下部電極の電圧波形を示す。電極電圧は各サイクルのわずかな時間だけ正になり，このとき電極に電子電流が流れる。一方イオン電流はほとんど連続的に流れる。定常状態では1サイクル当りの流入電荷量の和はゼロになっている。

電極が負にバイアスされると電子は追いやられ，電極近傍にほとんど電子が存在しない状態になる。この領域をイオンシースと呼ぶ。シースとは英語で「鞘(さや)」のことをいう，すなわちイオンシースとはイオンの鞘という意味である。この領域では電子の密度が低いため衝突励起の確率は小さく，発光はほとんど見られない。そのためイオンシースは「ダークスペース」とも呼ばれる。

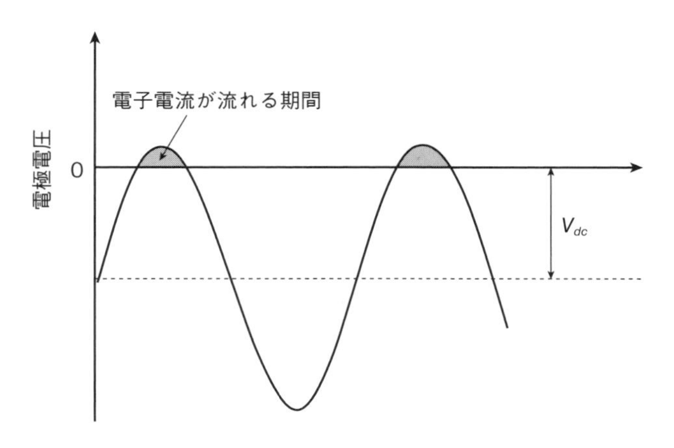

図2-6　RF 放電における下部電極の電圧波形

図 2-5 にエッチング装置内における電位分布を示す。前述したようにプラズマは導電体であり，巨視的にはプラズマ内は等電位であるため，イオンはプラズマ中ではランダムな方向に運動をしている。プラズマの持つ電位をプラズマポテンシャル V_p と呼ぶ。V_p は諸条件により変化するが，おおよそ数 10 ～ 50 V 程度であると考えてよい。一方，イオンシース内では，電極に向かい $-V_{dc}$ の電位勾配が形成されているため，プラズマとイオンシースとの境界部に来たイオンは，この V_{dc} によりウェハに向かって加速される。この時イオンが得るエネルギーは V_p+V_{dc} である。主としてこの直進性のあるイオンにより，エッチングが進むため，マスクからの寸法シフトの少ない異方性形状が得られる。このメカニズムについては次節で詳述する。

電極に誘起される V_{dc} の大きさは電極の面積比に依存する。**図 2-7** に示すように電極 1，電極 2 それぞれの面積を S_1，S_2 とし，それぞれの電極に誘起される V_{dc} を V_{dc1}, V_{dc2} とすると，

$$\frac{V_{dc1}}{V_{dc2}} = \left(\frac{S_2}{S_1}\right)^4 \quad \cdots\cdots\cdots \ (2.2)$$

の関係がある[4)]。すなわち，面積の小さい電極の方に高い V_{dc} が誘起さ

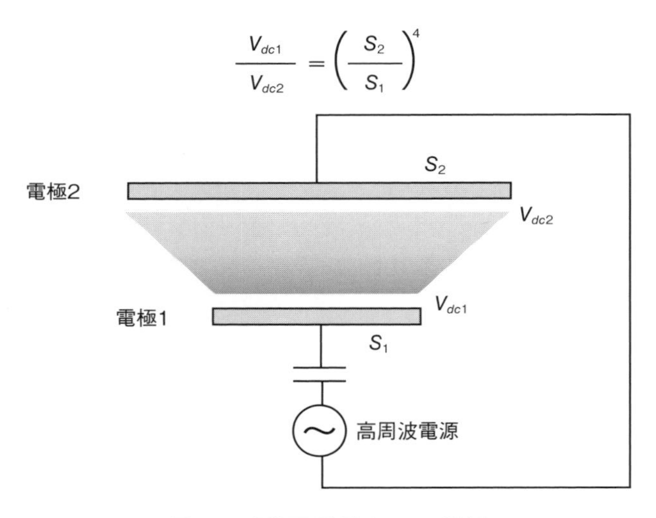

図2-7　電極面積比とV_{dc}の関係

れる。

RIEでは一般的に，ウェハの乗った電極（電極1）に対してもう一方の電極（電極2）の面積を大きく取り，ウェハに対して十分なV_{dc}が取れるようにする。RIEでは**図2-8**に示すようにチャンバ壁が電極2と同電位になるのが一般的であり，構造的に$S_2>S_1$の関係を実現しやすい。この場合，チャンバ壁に誘起されるV_{dc}は小さくなるため，壁のスパッタが低く抑えられ，壁からプラズマ中への重金属などの不純物の放出を低く抑えられるというメリットもある。

2 イオンシース内でのイオンの散乱

ここでイオンシース内におけるイオンの散乱について定量的に考察してみる。

イオンシースの厚さ（d_{is}）は次のChild-Langmuirの式で表される[5)]。

$$d_{is} = \frac{2}{3}\left(\frac{\varepsilon_0}{i_{i0}}\right)^{\frac{1}{2}}\left(\frac{2e}{m_i}\right)^{\frac{1}{4}}(V_p - V_{dc})^{\frac{3}{4}} \quad \cdots\cdots\cdots (2.3)$$

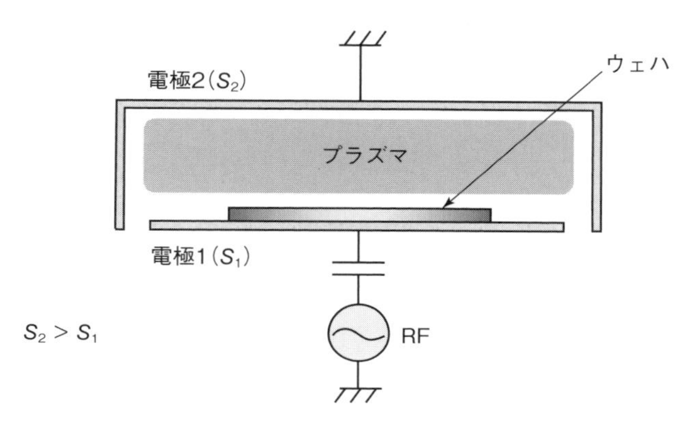

図2-8　RIE の電極面積

ここで i_{io} はイオン電流密度，ε_0 は真空の誘電率，e は電子の電荷素量，m_i はイオンの質量，V_p はプラズマポテンシャルをそれぞれ表す。

表 2-2 に高密度プラズマにおけるイオンシース厚の計算例を示す[6]。4 章で述べる ICP（誘導結合型プラズマ）や ECR（電子サイクロトロン共鳴）プラズマのような高密度プラズマの動作領域では，イオンシース厚はほぼこの値と考えてよい。ここでは Ar を例にとり，圧力 1.33 Pa(10 mTorr)，イオン電流密度 15 mA/cm^2 の時のイオンシース厚を求めている。イオンシース厚 d_{is} は 0.28 mm と非常に小さい。

ここで，イオンシース内でのイオンの散乱を考察する上で，重要なもう 1 つの概念である平均自由行程(λ)について簡単に触れておこう。平均自由行程とは，粒子が衝突してから次の衝突まで飛行する距離の平均値のことをいう。すなわち，粒子が衝突しないで飛行できる距離と言い換えることができる。気体の圧力が下がれば，そこに存在する分子の数は減るので，平均自由行程は大きくなる。すなわち，圧力が低いほど粒子は衝突しないで遠くまで飛行できるわけである。平均自由行程は圧力に反比例する。Ar を例に取ると，表 2-2 に示すように，圧力 1.33 Pa の時の平均自由行程は 5 mm であり，圧力が 1/10 になると 50 mm になる。

表2-2　高密度プラズマにおけるイオンシース厚（d_{is}）の計算例[6)]

条件	
ガス	Ar
圧力	1.33 Pa
平均自由行程(λ)	5 mm
$V_{dc}-V_p$	−100 V
イオン電流密度	15 mA/cm^2
計算結果	
イオンシース厚(d_{is})	0.28 mm
d_{is}/λ	0.056
$\exp(-d_{is}/\lambda)$	0.95

イオンシース内でのイオンの散乱はイオンシース厚と平均自由行程の大きさで決まる。すなわち，イオンシース厚に比べ平均自由行程が十分に大きければ，イオンはほとんど散乱されることなくウェハに到達する。このイオンの直進性が，次節で述べる異方性エッチングを実現する上で重要なファクターとなる。

ここでイオンシース内におけるイオンの散乱を，ICP や ECR のような高密度プラズマエッチャーと，高密度プラズマエッチャーが出現する前に使われていたバッチ式 RIE とで比較してみる。**図 2-9** に模式図を示す。高密度プラズマエッチャーのイオン電流密度はバッチ式 RIE に比べ 1 桁以上大きい。このことは高密度プラズマエッチャーでは高いエッチ速度が得られると同時にイオンシース厚が薄いということを意味している。ICP や ECR のような高密度プラズマの場合，シース厚 d_{is} は 0.28 mm と薄い。一方，動作圧力が 1.33 Pa と低いため平均自由行程 λ は 5 mm と長い。すなわち λ は d_{is} に比べて十分大きく（$d_{is}/\lambda=0.056$），ほとんどのイオンがシース内で中性粒子と衝突することなく試料面に到達する（図 2-9(a)）。一方，バッチ式 RIE では λ は d_{is} より小さく（$d_{is}/\lambda=3.8$），ほとんどすべてのイオンがシース内で中性粒子と

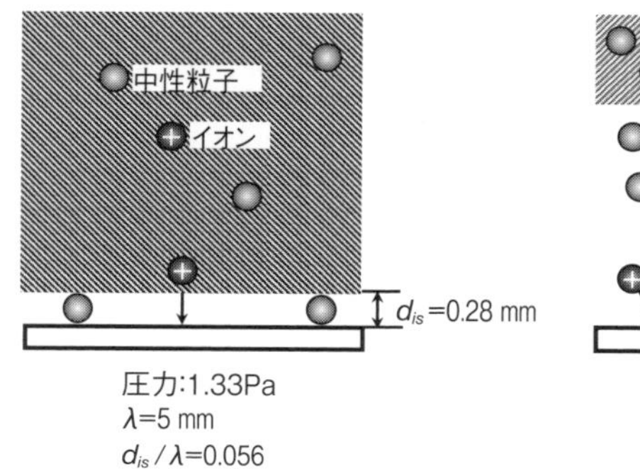

(a) ICP, ECRなどの高密度プラズマエッチャー

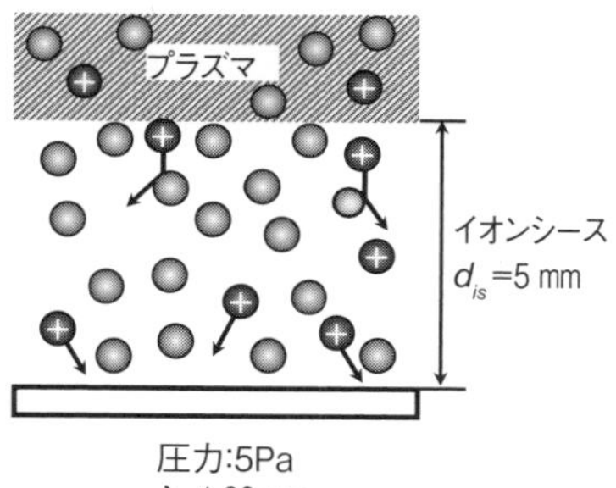

(b) バッチ式RIE

図2-9　イオンシース中のイオンの動き

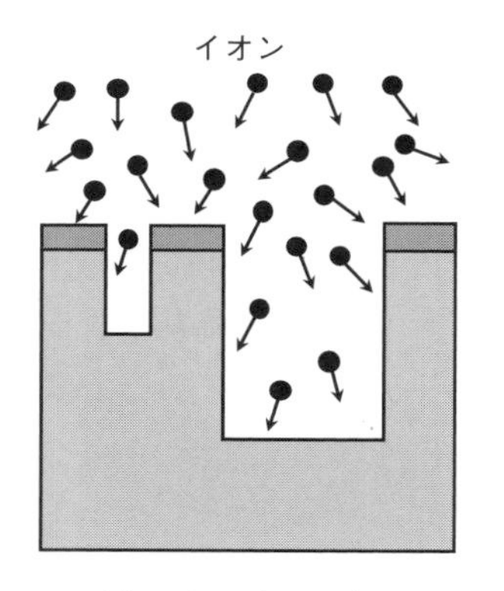

(a) 圧力が高い場合

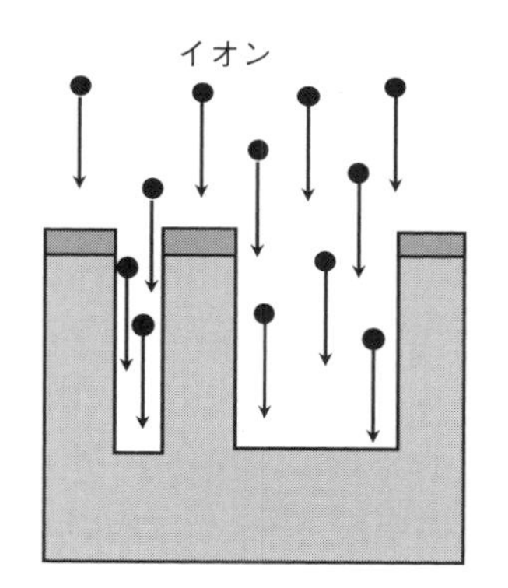

(b) 圧力が低い場合

図2-10　イオンの方向性が微細加工に与える影響

衝突し，その方向性が乱される（図2-9(b)）。

以上のように，高密度プラズマエッチャーではシース内におけるイオン散乱はほとんどなく，斜め入射イオンが非常に少ないと言える。

図2-10はイオンの方向性が微細加工に及ぼす影響を模式的に示したものである。散乱による斜めイオンが多いと，図2-10（a）に示すように，微細なパターンにイオンが入りにくくなり，エッチ速度が低下する。一

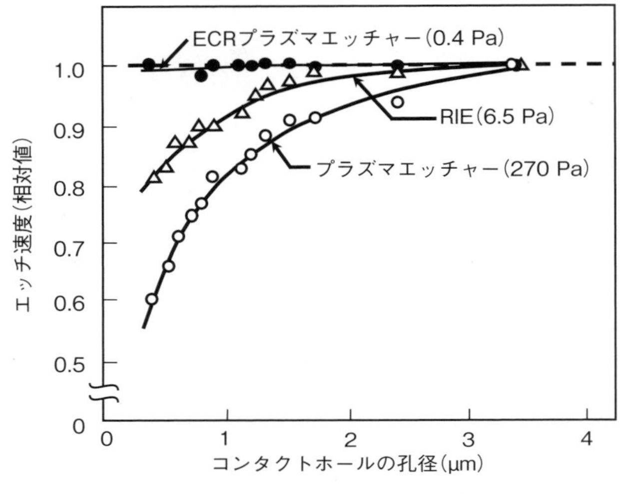

図2-11　コンタクトホールエッチングにおける
エッチ速度の孔径依存性[6)]

方，開口部が大きいパターンはイオンが十分に入射するためエッチ速度の低下はない。すなわちエッチ速度のパターン依存性が出てしまう。対策としては圧力を低くし，散乱による斜めイオンの発生を防止することが効果的である。図 2-10（b）に示すようにイオンの方向が揃ってくると，微細なパターンも広いパターンも同じエッチ速度でエッチングできるようになる。**図 2-11** はこの現象を各種エッチング装置で調べた結果を示すものである[6)]。動作圧力が 270 Pa と高いプラズマエッチャーでは，コンタクトホールのエッチ速度は孔径 1.0 μm 以下で急激に低下し，孔径 0.4 μm では 60 % まで低下する。これに対して動作圧力が 0.4 Pa と低い ECR プラズマエッチャーでは，孔径 0.4 μm の微細孔でも十分なイオンが入射するため，エッチ速度の低下はほとんどない。

2.3 エッチングプロセスの組み立て方

1 ドライエッチングの反応過程

本章の冒頭で述べたように，ドライエッチングのプロセスを組み立てる上での指針を得るには，まず反応の過程を考察することが必要である。ここではその基本となる考え方について述べる。

ドライエッチングは次の4つの過程で進行する。すなわち，（1）プラズマ中での反応種（中性ラジカル，イオン）の生成，（2）反応種の被エッチ膜への輸送および吸着，（3）被エッチ膜表面での反応，および反応

（1） プラズマ中での反応種（中性ラジカル，イオン）の生成（解離・電離） （2） 反応種の被エッチ膜への輸送および吸着 （3） 被エッチ膜表面での反応，および反応生成物の形成 （4） 被エッチ膜表面からの反応生成物の脱離

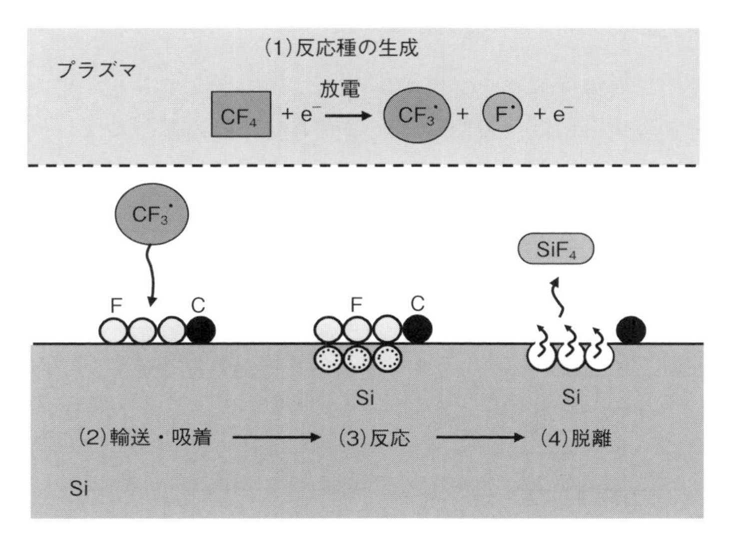

図2-12 ドライエッチングにおける反応過程（CF_4 による Si エッチングの例）（文献[7]を基に筆者が作成）

生成物の形成，（4）被エッチ膜表面からの反応生成物の脱離，である。**図 2-12** に CF_4 を用いて Si をエッチングするときの反応過程を示す。まずプラズマ中で CF_4 は CF_3 ラジカル（$CF_3^{\cdot}$）と F ラジカル（$F^{\cdot}$）に解離する。次に CF_3 ラジカルが Si 表面へ吸着し，Si と反応して反応成生物 SiF_4 が形成される。この SiF_4 が Si 表面から脱離することによりエッチングが進行する。

微細加工を実現するには，いかにマスクに忠実に加工するかが重要である。**図 2-13** は等方性エッチングと異方性エッチングの違いを説明するものである。ラジカルでエッチング反応が進む場合，ラジカルは熱運動，すなわちランダムな動きをしているため，エッチングは図 2-13 (a) に示すように，縦方向のみならず横方向にも進行する。これを等方性エッチングと呼ぶ。これではマスクの下にアンダーカットが入ってしまい，微細加工をすることができない。それに対し，図 2-13(b) に示すように，垂直方向にエッチングが進むようにしてやれば，マスクに忠実な加工が可能となる。これを異方性エッチングと呼ぶ。

2 異方性エッチングのメカニズム

まず最初に異方性エッチングの実現について考えてみる。異方性エッチングを実現するには，表面反応が垂直方向にのみ進むように反応を起こしてやるというのが基本的な考え方である。これを実現する一つの方

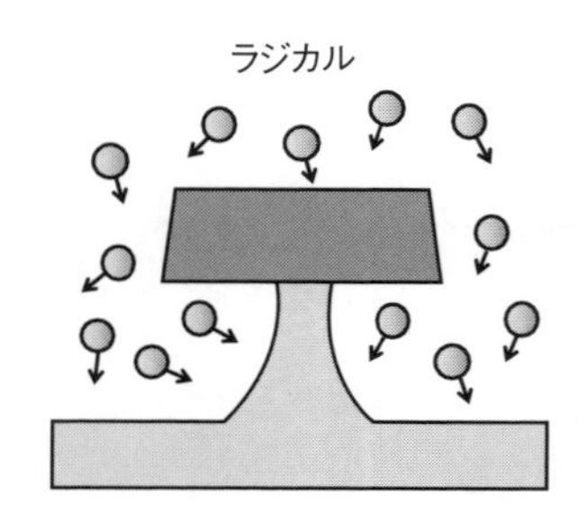

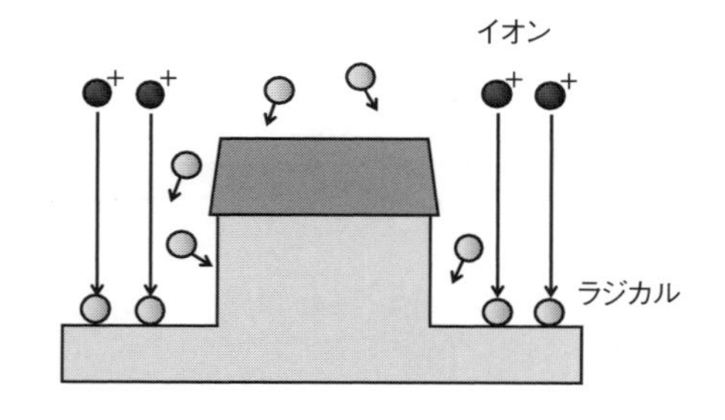

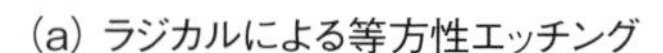
(a) ラジカルによる等方性エッチング

(b) イオンアシスト反応による異方性エッチング

図2-13　等方性エッチングと異方性エッチング

法がイオンアシスト反応である。イオンアシスト反応とは入射したイオンが表面反応を促進する現象のことである。イオンアシスト反応が起こる系ではイオン照射面のエッチ速度が，中性ラジカルによるエッチ速度より著しく大きい。そこで前節で述べたプラズマの制御によりイオンの方向を揃えて被エッチ面に垂直にイオンを入射させると異方性エッチングが実現できる。

図 2-14 はイオンアシスト反応を説明する実験結果である[8)]。図において縦軸は Si のエッチ速度を示している。この実験ではまず最初に XeF_2 ガス単独で Si をエッチングしている。この場合，XeF_2 から解離した F ラジカルにより Si はエッチングされるが，そのエッチ速度は高々 5 Å /min 程度と小さい。ところがこの系に 450 eV の Ar^+ イオンを照射すると，エッチ速度は 10 倍以上に増大する。次に XeF_2 の供給を止め，Ar^+ イオンのみの照射とした場合，すなわち純粋にイオンによる物理的スパッタリングの場合はエッチ速度は激減し 3 Å /min 以下となっている。このように，ラジカルのみによるエッチング，あるいは物理的スパッタリングの場合はエッチ速度は非常に小さいが，吸着ラジカルにイオ

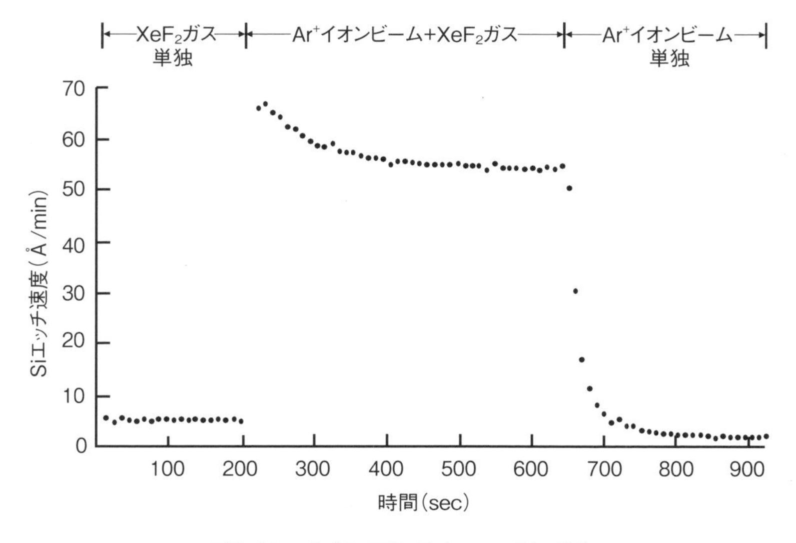

図2-14　イオンアシストエッチング[8)]

ン衝撃が加わるとエッチ速度が増大する現象は，イオンアシストエッチング現象と呼ばれている。その理由としていくつかの説があるが，イオン衝撃があるとその部分が局所的に非常に高温になり，ラジカルの反応が著しく促進されるためエッチ速度が増大するという，ホットスポットモデルが最も有力な説である[9)]。

このように，イオンアシスト反応によるエッチ速度ははラジカルによるエッチ速度より桁違いに大きいため，イオンをウェハに対し垂直に入射させれば，垂直方向のエッチ速度（イオンアシスト反応による）が，横方向のエッチ速度（ラジカルによる）より速くなり，異方性形状が得られる。これが，イオンアシスト反応による，異方性エッチングの原理である。

図2-15はエッチングの各成分のイオンエネルギー依存性を示すもの

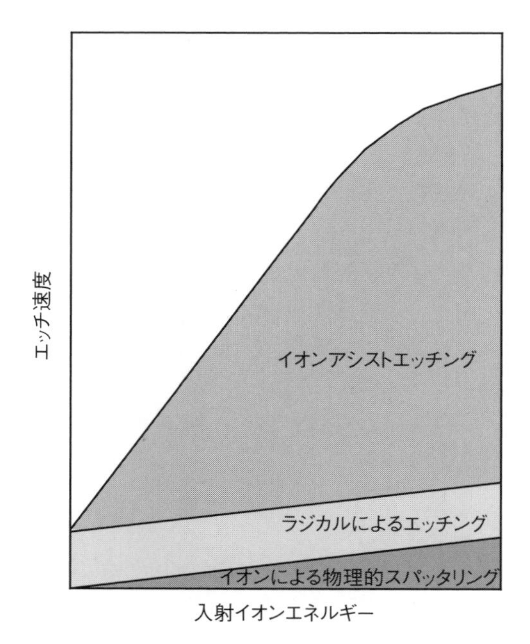

図2-15　エッチングの各成分の入射イオンエネルギー依存性

である。イオンによる物理的スパッタリングはエネルギー依存性があり，イオンエネルギーを増すと，それに伴いエッチ速度は増すが，その絶対値は小さい。ラジカルによる化学エッチングは，まったくエネルギー依存性がなく，常に一定の値である。また，エッチ速度も低い。イオンアシストエッチングはイオンエネルギー依存性が非常に強く，エネルギーとともにエッチ速度は著しく増大する。このイオンアシストエッチングにより，異方性エッチングが実現できる。

イオンアシストエッチングの効果は被エッチ材料とエッチングガスの組み合わせによって異なる。すなわち被エッチ材料とエッチングガスの組み合わせによって，イオンアシスト反応が起こる場合と起こらない場合がある。**図 2-16** は F^+，Cl^+，Br^+ イオンで Si をエッチングした時の化学的スパッタリング率[10]を，**図 2-17** は Cl^+ イオンで Al，C，

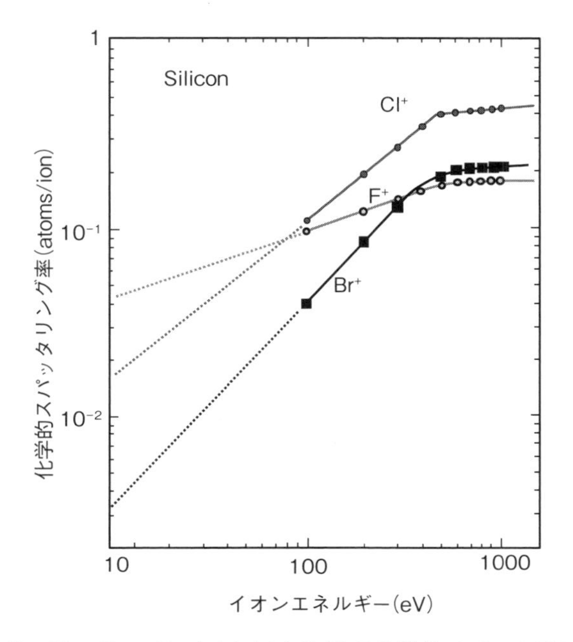

図2-16　Cl^+，Br^+，F^+ イオンによる Si の化学的スパッタリング率のイオンエネルギー依存性[10]

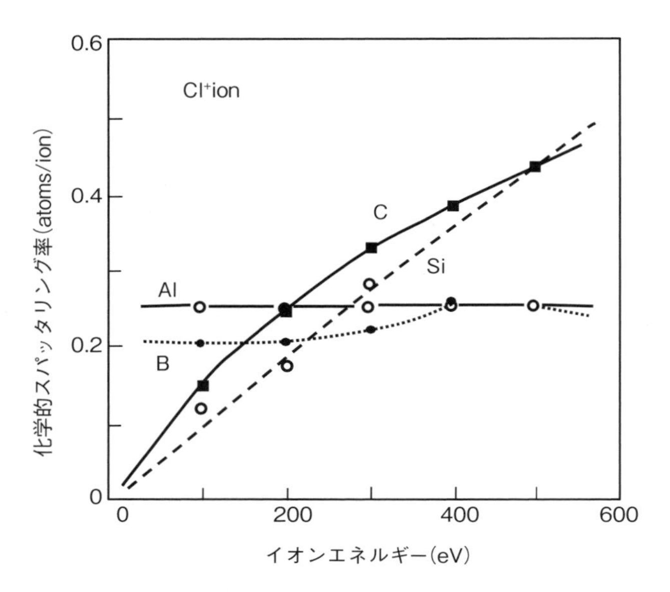

図2-17　Cl⁺ イオンによる Al，B，C および Si の化学的スパッタリング率のイオンエネルギー依存性[9)]

B，Si をエッチングした時の化学的スパッタリング率[9)] をそれぞれ示すものである。ここで化学的スパッタリング率は，イオン 1 個当たりのスッパタ率から物理的スパッタ率を差し引いたものと定義される[9)]。図 2–16 を見ると Cl^+，Br^+ で Si をエッチングした場合は，化学的スパッタリング率のイオンエネルギー依存性が強い，すなわちこの組み合わせではイオンアシスト反応が起こり，異方性エッチングが可能であることを示している。一方，F^+ イオンで Si をエッチングした場合はイオンエネルギー依存性が小さい。すなわちイオンアシスト反応の効果が少なく，異方性エッチングが起こりにくいことを示している。実際のエッチングガスに当てはめてみると，Cl^+ や Br^+ イオンを解離生成する Cl_2 や HBr は Si の異方性エッチングに適しており，これらのガスを Poly-Si ゲートや STI エッチングのベースガスにする理由はここにある。一方，F^+ イオンを解離生成する SF_6 や CF_4 のようなガスで Si をエッチングした場合，エッチングは等方性になりやすいことが理解できる。

次に Al エッチングの場合を考えてみよう。図 2-17 を見ると，Cl^+ イオンで Al をエッチングした場合は化学的スパッタリング率のイオンエネルギー依存性がない。すなわちこの組み合わせではイオンアシスト反応がまったく起こらず，エッチングは等方的に進行することを示している。

このようにまったくイオンアシスト反応が起こらない系や，イオンアシスト反応の効果が少ない系で異方性エッチングを実現するには，以下に述べる側壁保護プロセスを用いる。

3 側壁保護プロセス

側壁保護プロセスは，被エッチ面の側壁をポリマーなどの保護膜で保護し，この保護膜によりラジカルの侵入を防ぎながらエッチングを行うプロセスのことである。保護膜はプラズマ中で SiO_2 などの無機物，あるいは有機ポリマーを生成することにより形成する。**図 2-18** に側壁保護プロセスのモデル図を示す[11)]。ここでは保護膜が有機ポリマーの場合を例に取って説明する。エッチングガスにポリマー形成用ガスを添加したガス系でエッチングを行うと，ポリマー形成用ガスから解離生成した CF，CF_2 などのモノマーが被エッチ面に吸着しポリマーを形成する。そのため，被エッチ面全体がポリマーで覆われる（図 2-18(a)）。イオンはウェハに対して垂直に入射するため，平面部ではこのイオンによりポリマーが除去され，露出した被エッチ材とイオン，ラジカルの反応によりエッチングが進行する。しかし，イオンがほとんど入射しないパターン側壁ではポリマーは除去されずに残るため，側壁はポリマーで保護される。このポリマーによって側壁へのラジカルの進入が阻止されるため，異方性エッチングが実現される（図 2-18(b)）。これが側壁保護プロセスの原理である。なお図 2-18 では反応を(a)と(b)に分解して説明したが，実際のエッチングでは(a)と(b)の反応は同時に起こっている。

ポリマー形成の基になるモノマーはエッチングガスそのものから解離生成されることもある。また，レジストがエッチングされることによっ

2 ドライエッチングのメカニズム

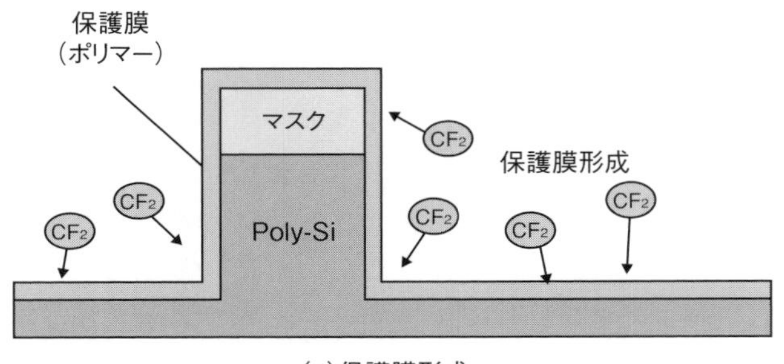

（a）保護膜形成

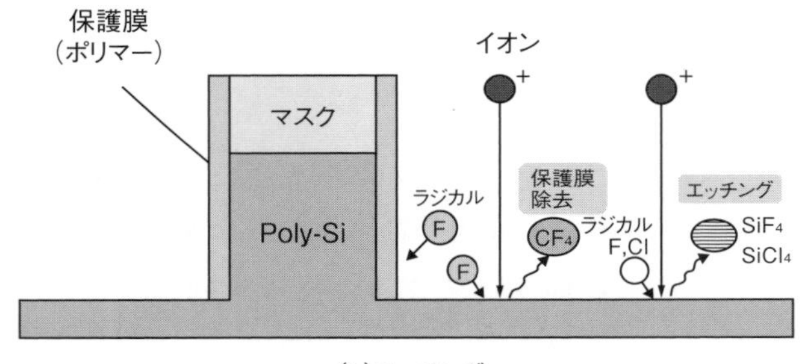

（b）エッチング

図2-18　側壁保護プロセスのモデル図[11)]

ても生じる。Al を Cl ベースのガスでエッチングする場合，イオンアシスト反応が起こらないため，理論的には等方性エッチングになるはずであるが，現実的には異方性形状が得られている。それはレジストがエッチングされることにより C，H が供給され，それが側壁保護膜を形成するからである。

SF_6 のようなフッ素系のガスで Si をエッチングする場合はイオンアシスト反応の効果が少ないことは前述した通りである。この場合，ガス中に O_2 を添加すると SiO_2 が生成され，これが側壁保護膜となって，異方性形状が得られるようになる。

4 エッチ速度

エッチ速度には，反応過程のうち(1)から(4)まですべてが関係してくるが，ガスの選定という観点からは(3)の表面反応と(4)の反応生成物の脱離が重要である。参考になるのは1つは前述の化学的スパッタリング率のデータであり，もう一つは反応生成物の蒸気圧である。**図2-19**は蒸気圧曲線を模式的に示したものである。図に示すように，一般的にはフッ化物の蒸気圧は塩化物の蒸気圧より大きい。蒸気圧が大きいということは，反応生成物がより揮発しやすいことを意味している。したがって，反応生成物としてフッ化物を生ずるガス系を用いると，反応生成物が脱離しやすくなり，エッチ速度を大きくすることができる。**表2-3**に各種ハロゲン化物の融点と沸点のデータを示した[12)]。これからもSiやWはフッ化物の方が塩化物より蒸発しやすいことが分かる。しかしAlの場合は逆で，フッ化物の方が塩化物より蒸発しにくいことが分かる。このことはAlはCl系でのみエッチングできることを示している。なお，Alのフッ化物ができるとパーティクル発生の原因となるため注意が必要である。**表2-4**は種々の化合物の蒸気圧が1,333Pa（10Torr）になる温度をまとめたものである[13)]。ここで1,333Paを選んだのは，通常のド

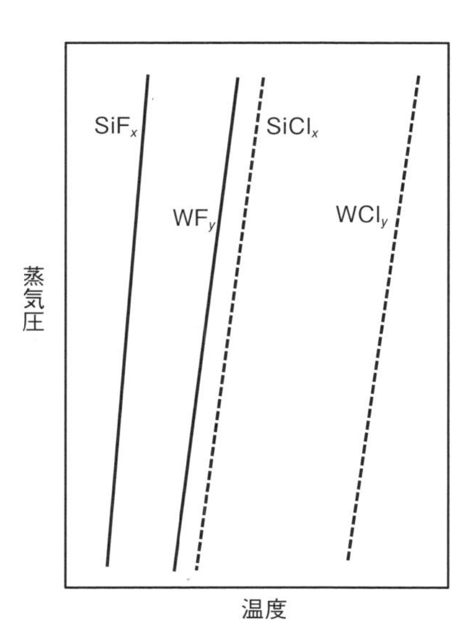

図2-19　蒸気圧曲線

表2-3　各種ハロゲン化物の融点と沸点[12]

化合物	融点（℃）	沸点（℃）
SiF_4	−77（2気圧）	−95（昇華）
$SiCl_4$	−70	57.6
$SiBr_4$	5.2	153.4
WF_6	2.5	17.5
WCl_6	275	346.7
AlF_3	1290	−−
$AlCl_3$	190（2.5気圧）	183（昇華）
$AlBr_3$	97.5	255
CuF	908	1100（昇華）
CuCl	452	1367
CuBr	504	1345

表2-4　種々の化合物の蒸気圧が 1,333 Pa になる温度[13]

化合物	温度(℃)	化合物	温度(℃)	化合物	温度(℃)	化合物	温度(℃)
AgCl	1074	CdI_2	512	HgI_2	204.5	$SbCl_3$	85.2
AgI	983	CrO_2Cl_2	13.8	KBr	982	SbI_3	223.5
$AlBr_3$	118.0	Cu_2Br_2	718	KCl	968	$SiCl_4$	−34.7
$AlCl_3$	123.8	Cu_2Cl_2	702	KF	1039	$SiClF_3$	−127.0
AlF_3	1324	Cu_2I_2	656	KI	887	$SiCl_2F_2$	−102.9
AlI_3	225.8	$FeCl_2$	700	LiBr	888	$SiCl_3F$	−68.3
As	437	$FeCl_3$	235.5	$MgCl_2$	930	SiF_4	−130.4
AsH_3	−124.7	$GeBr_4$	56.8	NaBr	952	$SnBr_4$	72.7
BBr_3	−10.1	$GeCl_4$	−15.0	NaF	1240	$SnCl_2$	391
BCl_3	−66.9	H_2S	−116.40	NaI	903	$SnCl_4$	10.0
BF_3	−141.3	H_2S_2	−19	$NiCl_2$	759	SnH_4	−118.5
$CdCl_2$	656	H_2Se	−100	PbI_2	571	SnI_4	175.8
CdF_2	1559	$HgBr_2$	179.8	PbF_2	904	$ZnCl_2$	508
		$HgCl_2$	180.2	$SbBr_3$	142.7	ZnF_2	1359

ライエッチングがこの圧力以下で行われることを想定したからである。これから，各種反応生成物の蒸発のしやすさを推測でき，エッチ速度を大きくするための指針を得ることができる。なお，各種材料のエッチングにあたって蒸気圧を知りたい時は，適宜，化学便覧などを参照すると良い[14]。

5 選択比

下地との選択比はイオンエネルギーの制御と原子間の結合エネルギー[15]を考慮すると良い。反応は結合エネルギーの大きい方へ進むため，結合エネルギーを考慮してガス種を選ぶと下地材料のエッチ速度を抑えることができ，選択比を上げることができる。たとえばPoly-Siのエッチングで下地SiO_2との選択比を上げるにはガスとしてSiとの結合エネルギーがSi-Oの結合エネルギーより小さいBrやCl系のガスを選ぶとSiO_2のエッチ速度はきわめて遅くなり，高い選択比を得ることができる[16]。これについては，次章のPoly-Siのエッチングの項で詳細に解説する。またエッチ速度のイオンエネルギー依存性がSiO_2で強く，Poly-Siで弱いガス系ではイオンエネルギーを下げるのも有効な方法である。フッ素系のガスの場合がこれにあたる。

6 まとめ

以上述べてきたようにプロセスを組み立てるには，化学的スパッタリング率のイオンエネルギー依存性，反応生成物の蒸気圧，原子間結合エネルギーを考慮して反応ガスを選んだり，プラズマや反応を制御してプロセスを組み立てるとよい。しかし，現実的には単独ガスでは異方性，エッチ速度，選択比のすべてを同時に満足することは難しい。たとえば図2-16から分かるようにCl系ガスはPoly-Siの異方性加工に適している。ところが図2-19から，反応生成物である$SiCl_4$の蒸気圧はフッ化物のそれに比べて低いためエッチ速度はあまり大きく取れないことが分かる。F系ガスはその逆である。そこで実際のプロセスを組み立てる場合はこれらのガスを適当に混合したり，ガス中にポリマーを形成しやすいガスを混合した側壁保護プロセスを用いることが多い。

〔参 考 文 献〕

1）飯島徹穂，近藤信一，青山隆司：「はじめてのプラズマ技術」ビギナーズブックス 7, 工業調査会 (1999).
2) 八田吉典：「気体放電」第 2 版 , 近代科学社 (1971).
3) 津田穰：「半導体プラズマプロセス技術」菅野卓雄編著 , 産業図書 , p.23 (1980).
4) H. R. Koenig & L. I. Maissel：IBM J. Res. & Dev. 14, p.168 (1970).
5) B. Chapman：Glow Discharge Processes, John Wiley & Sons (1980).
6) K. Nojiri & E. Iguchi：J. Vac. Sic. & Technol. B **13**, 1451 (1995).
7) 堀池靖浩：第 19 回半導体専門講習予稿集, p. 193 (1981).
8) J. W. Coburn & H. F. Winters：J. Appl. Phys. **50**, 3189 (1979).
9) S. Tachi：Proc. Symp. Dry Process, p.8 (1983).
10) S. Tachi & S. Okudaira：J. Vac. Sci. Technol. B **4**, 459 (1986).
11) 野尻一男, 定岡征人, 東英明, 河村光一郎：第 36 回春季応用物理学会講演予稿集 (第 2 分冊), p.571 (1989).
12) 理化学辞典第 3 版増補版：岩波書店 (1981).
13) 川本佳史：「サブミクロン・リソグラフィ総合技術資料」サイエンスフォーラム, p.335 (1985).
14) 化学便覧基礎編：日本化学会編 , 丸善
15) Handbook of Chemistry & Physics 47th Edition：The Chemical Rubber Co. (1966).
16) M. Nakamura, K. Iizuka & H. Yano：Jpn. J. Appl. Phys. **28**, 2142 (1989).

3章

各種材料のエッチング

本章では，実際に半導体製造プロセスで使われる材料のエッチングについて解説する。半導体プロセスにおけるエッチングは大きく，(1)Si系のエッチング，(2)絶縁膜系のエッチング，(3)配線材料のエッチングに分類される。本章では，各々のカテゴリーの中で基幹技術となる，ゲートエッチング，SiO_2 エッチング，Al合金積層メタル構造のエッチングを取り上げ，これらについて詳細に説明する。ここでは単なる各論にとどまらず，エッチングを支配するパラメータとその制御法について理解できるよう解説する。これらのエッチングについて理解しておけば，他の材料についても応用がきくように構成した。たとえば，ゲートエッチングでは，Poly-Siゲート，WSi_2/Poly-Siゲート，W/WN/Poly-Siゲートのエッチングについて述べるが，これらを完全に理解すると，STIやW配線などのエッチングについても類似のアプローチでプロセスを構築できるようになる。またゲートエッチングでは，加工形状のみならず，ウェハ面内での寸法のばらつきをいかに低減するかが強く求められている。これについても，寸法のウェハ面内均一性を支配するパラメータは何か，また，その制御法は何かという観点から解説する。

SiO_2 のエッチングのメカニズムはSi系とは異なり，またエッチングに適したプラズマソースも異なる。そこで本章ではエッチングメカニズムや，エッチングを支配するキーパラメータについても掘り下げて解説し，ガス系の構成法，ナローギャップの平行平板型エッチャーが使われる理由なども理解できるようにした。

Al配線エッチングでは，製造工程で問題となるAl腐食についても言及し，その対策方法について解説する。なお配線に関しては，現在Al配線に代わって，Cuダマシン配線技術が主流になってきているが，それに関しては，6章の「新しいエッチング技術」の中で述べる。

3.1 ゲートエッチング

まず最初にゲートエッチングについて述べる。ゲートエッチングの工程フローは1章の図1-5ですでに説明したとおりである。ゲートはトランジスタ特性を決定する重要部分であり，特にMOSトランジスタの閾値電圧（V_{th}）はゲート寸法に依存するため，エッチングの仕上がり寸法（*CD*）の制御は非常に重要である。ゲートエッチングでは，*CD*そのものの精度のみならず，*CD*のウェハ面内ばらつきを低く抑えることも強く要求される。エッチング形状は当然垂直形状が要求され，また，微細化に伴いますます薄膜化されるゲート酸化膜に対して，高い選択比が要求される。ゲート材料としてはロジックデバイスではPoly-Siが，またDRAMではWSi_2/Poly-SiやW/WN/Poly-Siの積層構造が用いられている。

■1 Poly-Siゲートエッチング

ゲートエッチングには，以前はフロロクロロカーボンガス，すなわちフロン系のガスが広く用いられていた[1)]。しかし，フロロクロロカーボンを用いた場合は以下に述べるように，ガス中のカーボンがSiO_2のエッチングを促進するためにゲート酸化膜に対して高選択比を得るのが困難であった。また，いわゆる環境問題から特定フロンが使えなくなってきた。このような背景のもと，現在ではCl系やBr系のガスが一般的になってきた。具体的にはCl_2やHBrをベースにしたガス系である。2章の2.3 ■2で述べたように，Cl系やBr系ガスは異方性形状を得やすいため，垂直な加工形状を得るには有利である。また以下に説明するように，下地のゲート酸化膜に対して高い選択比を得ることができる。

表 3-1 に原子間の化学結合エネルギーを示す[2]。ここではエッチング前の結合エネルギー（Si-O，Si-Si）は結晶の値，エッチング後（C-O，Si-F，Si-Cl，Si-Br）は 2 原子分子の値が示されている。反応は結合エネルギ－の大きい方に進むので，Si との結合エネルギ－が Si-O の結合エネルギ－より小さい Cl や Br 系では SiO_2 のエッチ速度はきわめて遅くなり，高い選択比を得ることが出来る。しかし，反応系にカ－ボンが存在すると C-O > Si-O の関係から，試料表面で C-O の強い結合ができるため，Si-O 結合が弱くなり，Si-Cl あるいは Si-Br 結合が形成され，エッチングが進む[2]。すなわち選択比が低下する。以上が Cl_2 や HBr が高選択比を得やすく，フロロクロロカーボンでは選択比が低い理由である。

表3-1　原子間の化学結合エネルギー[2]

(kcal/mol)

C−O	257**	Si−F	132**
−Si−O−	111*	Si−Cl	96**
−Si−Si−	54*	Si−Br	88**

＊･･･結晶　＊＊･･･2原子分子

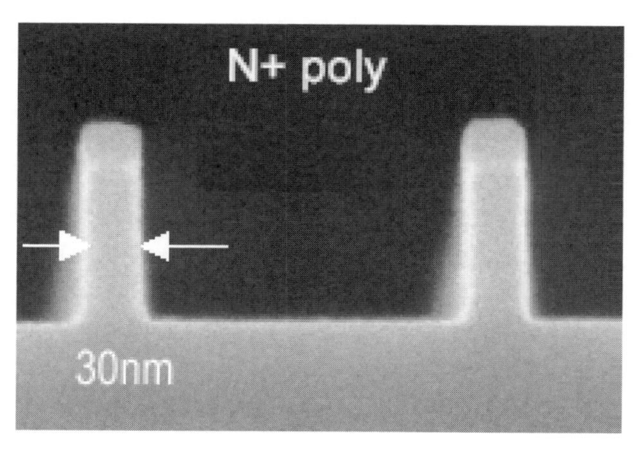

図3-1　Poly-Si ゲートのエッチング例[3]

異方性形状や高選択比を得るのに，Cl_2 や HBr に O_2 を添加するのも有効である。それについては 3.1.❸の WSi_2/Poly-Si エッチングのところで説明する。

図 3-1 に Poly-Si ゲートのエッチング例を示す[3)]。TCP エッチャー（装置については 4 章で説明する）を用い，Cl_2 および HBr をベースとしたガス系でエッチングしている。*CD* が 30 nm の微細な Poly-Si ゲートが垂直に加工できている。

❷ *CD* のウェハ面内均一性の制御

CD のウェハ面内均一性は反応生成物のパターンへの再付着に強く影響される[4)]。**図 3-2** は反応生成物のパターンへの再付着が *CD* におよぼす影響を模式的に示したものである。*CD* の均一性を支配するキーパラメータは2つある。1つは反応生成物の空間分布である。図に示すように，Poly-Si を Cl_2 系のガスでエッチングした時に生じる反応生成物 $SiCl_4$ の濃度がウェハ中央部で高く，周辺部で低い場合，ウェハ中央部のパターンへの $SiCl_4$ の付着は多く，周辺部では少ない。その結果 *CD* はウェハ中心部で大きく，ウェハ周辺部で小さくなる。もう 1 つのパラメータはウェハの温度分布である。図に示すように，ウェハの温度が中央部で低く，周辺部で高い場合，$SiCl_4$ の付着確率はウェハ中央部で大きく，周辺部では小さくなる。その結果，*CD* はウェハ中心部で大きく，ウェハ周辺部で小さくなる。

図 3-3 は，チャンバ内へのガスの吹き出し方向を変えることのできる機構を持つエッチャーを用い，ガスの吹き出し方向が *CD* の均一性におよぼす影響を調べたものである[5)]。ガスをウェハの中心方向に向けて吹き出した場合，図に示すように $SiCl_4$ の濃度はウェハ中央部で低く，周辺部で高くなる。その結果，ウェハ中央部のパターンは細くなり，周辺部のパターンは太くなっている。ガスをウェハの周辺方向に向けて吹き出した場合は，$SiCl_4$ 濃度の面内均一性は改善され，ウェハの中央，周辺で *CD* の差は少なくなっている。

図 3-4 は，ウェハの中央部と周辺部の温度を独立に制御できる機能を

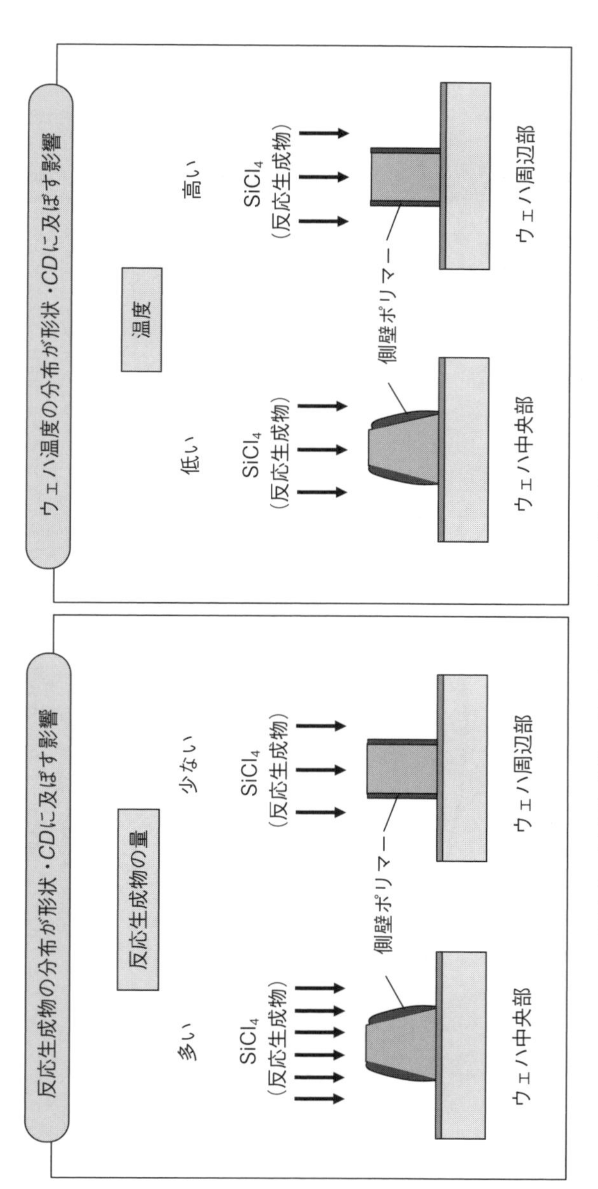

図3-2 反応生成物の分布とウェハ温度分布がCDにおよぼす影響

3 各種材料のエッチング

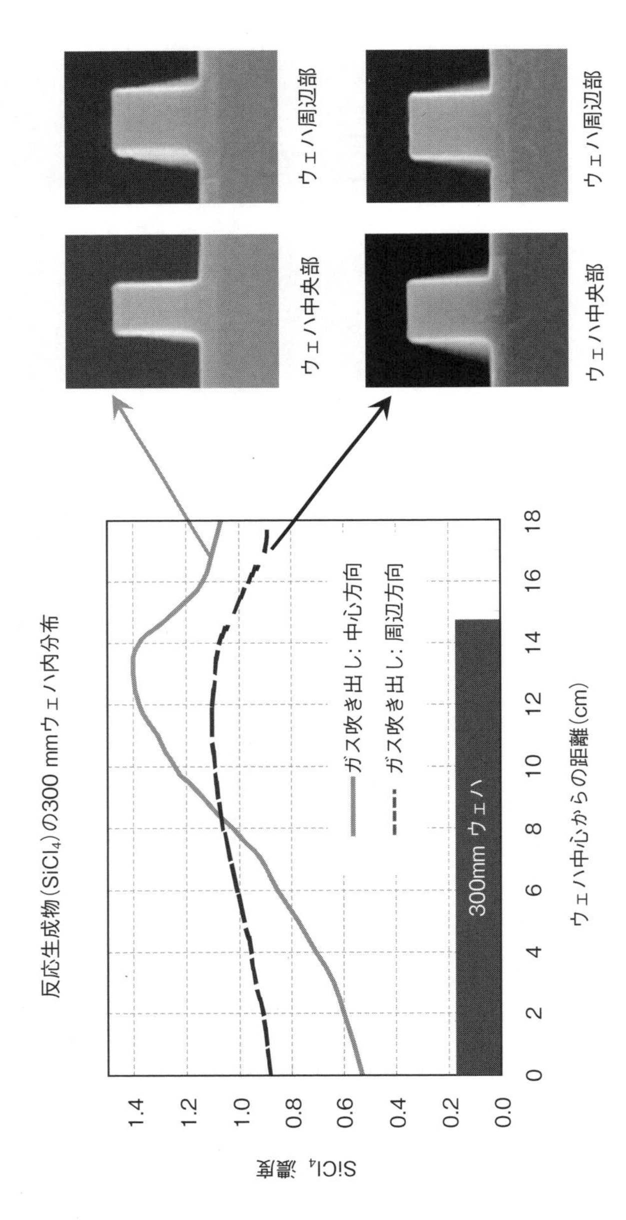

図3-3　ガス吹き出しの方向がCDにおよぼす影響[5)]

有する静電チャック（チューナブル ESC（Electro-Static Chuck））を搭載したエッチャーを用い，ウェハの温度分布が *CD* の均一性におよぼす影響を調べたものである[5)]。チューナブル ESC の温度をウェハの中央部，周辺部とも同じ 30℃に設定した場合，中央部のパターンがやや太めになる傾向にある。次に，ウェハ中央部の温度を 50℃まで上げると，ウェハ中央部での反応生成物の付着確率が小さくなるため，逆に中央部のパターンが細くなることが分かる。

チューナブル ESC は 2002 年にラムリサーチにより実用化された。**図3-5** にチューナブル ESC の進展と *CD* 均一性の改善を示す[6)]。半径方向の *CD* 均一性を改善するために，温度制御できるゾーンは 2 ゾーンから 4 ゾーンへと増加されてきた。そして現在では 100 ゾーン以上の温度を独立に制御できるようになっており，半径方向のみならず，非半径方向

静電チャック温度
中央部/周辺部
30℃/30℃

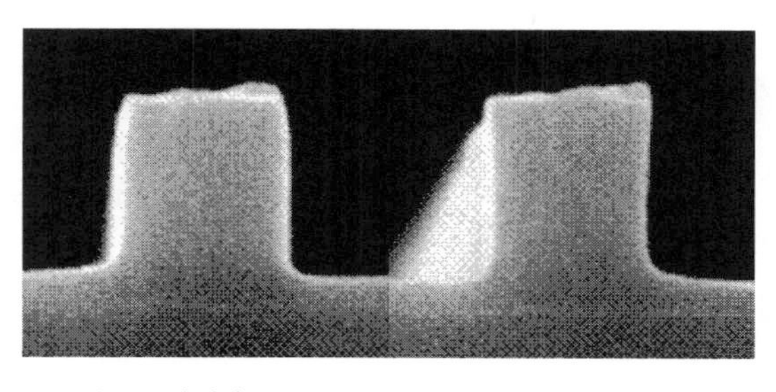

ウェハ中央部　　ウェハ周辺部

静電チャック温度
中央部/周辺部
50℃/30℃

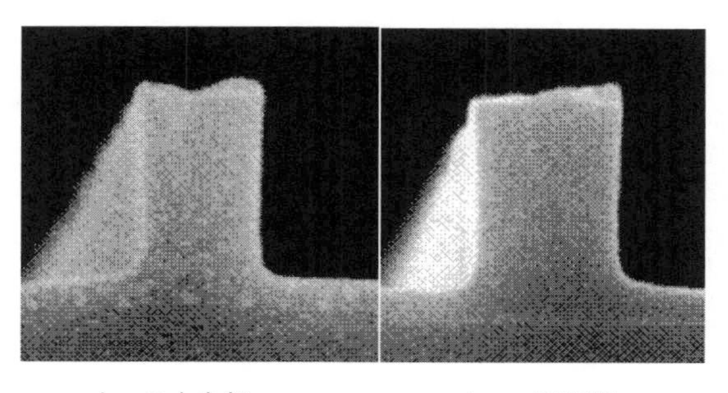

ウェハ中央部　　ウェハ周辺部

図3-4　ウェハ温度分布が *CD* におよぼす影響[5)]

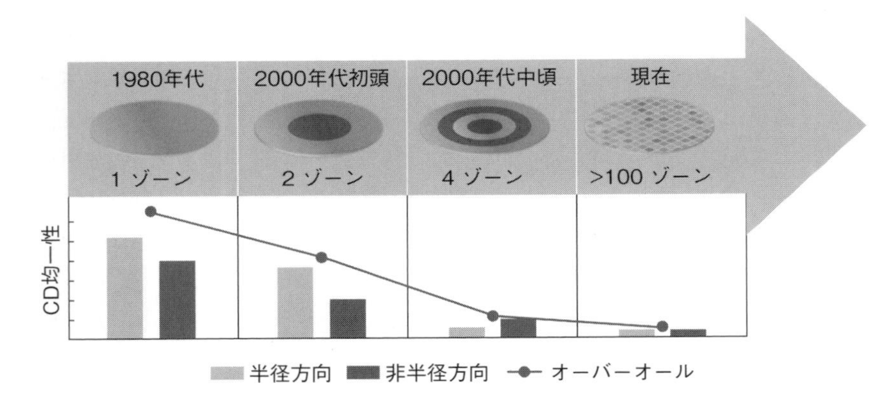

図3-5　チューナブルESCの進展とCD均一性の改善[6)]

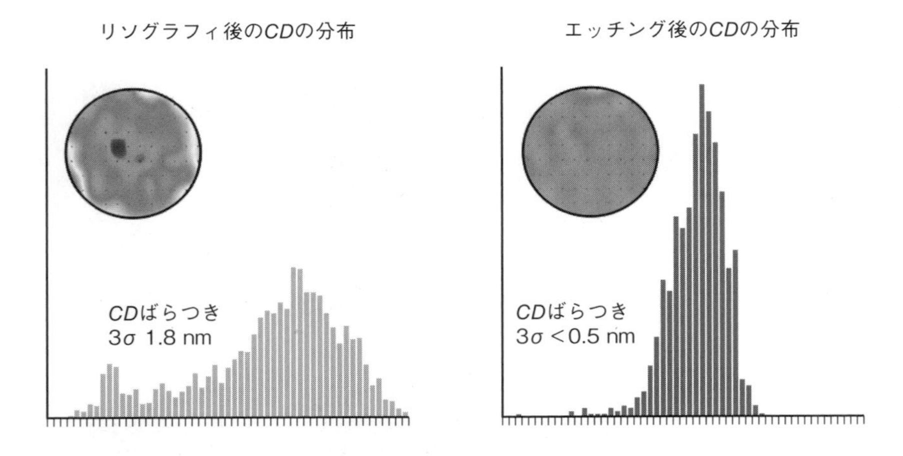

図3-6　100ゾーン以上の温度を制御できるチューナブルESCによるCD均一性の改善[6)]

の均一性も改善できるようになっている。これに伴い *CD* の均一性が著しく改善されていることが分かる。**図 3-6** に示すように，100 ゾーン以上の温度を制御できるチューナブル ESC を用いることにより，リソグラフィー後に 1.8 nm（3σ）であった *CD* の均一性をエッチング後に 0.5 nm（3σ）以下に改善できている[6)]。なお静電チャックについては 4

章 4.8 節で解説する。

以上説明してきたように，*CD* のウェハ面内ばらつきを抑え，良好な均一性を得るには，反応生成物のパターンへの付着を精密に制御する必要がある。そのためには，ここに述べたような，ガス吹き出しの方向を調整できる機構や，ウェハ面内の温度分布を調整できる静電チャックを装備したエッチャーが必要である。

3 WSi_2/Poly-Si ゲートエッチング

WSi_2/Poly-Si 構造はポリサイドゲートと呼ばれ，DRAM で一般的に用いられている構造である。DRAM のゲートはワード線になっており，ここに WSi_2 を用いる理由はワード線の抵抗を下げるためである。

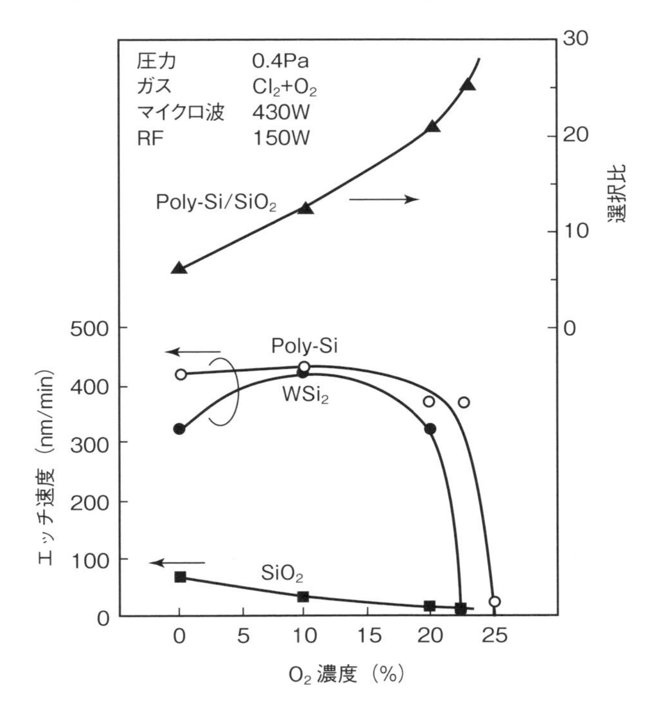

図3-7　WSi_2，Poly-Si，SiO_2 のエッチ速度および Poly-Si/SiO_2 選択比の O_2 濃度依存性 7)

3 各種材料のエッチング

WSi_2/Poly-Si構造ではWSi_2，Poly-Siともにサイドエッチングなく垂直に加工する必要があり，難易度は高い。ここではCl_2にO_2を添加したプロセスでのエッチング例を説明する[7)]。エッチング装置はECRプラズマエッチャーを用いている。エッチングマスクはCVD SiO_2である。

図3-7はエッチ速度，選択比のO_2濃度依存性を示したものである[7)]。O_2濃度を増すにつれSiO_2のエッチ速度は減少し，Poly-Si/SiO_2選択比は増加する。またO_2濃度の増加に伴いWSi_2のエッチ速度は増加し，O_2濃度10%でPoly-Siのエッチ速度と同じになる。O_2濃度とともにWSi_2のエッチ速度が増加する理由は$WOCl_4$の蒸気圧がWCl_6の蒸気圧より大きいためである[8)]。RFパワーを下げることによってイオンエネルギーを下げれば，さらに選択比を上げることができる。

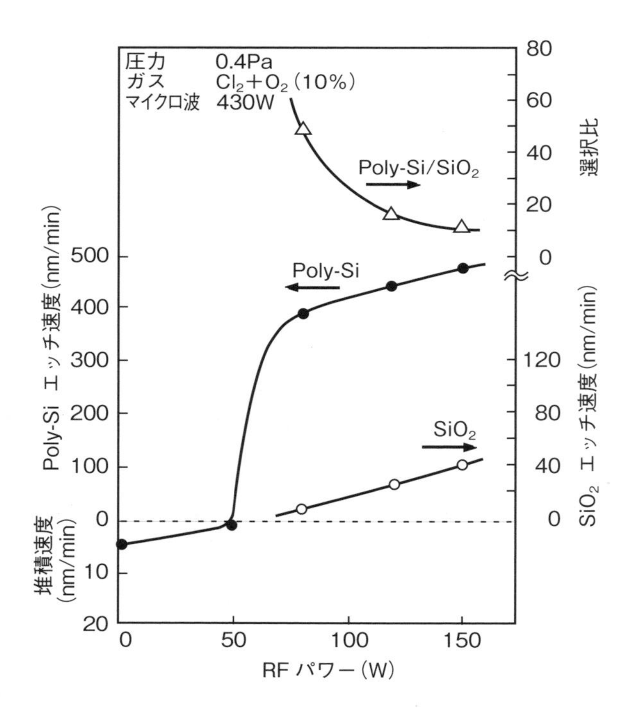

図3-8　Poly-Si，SiO_2のエッチ速度およびPoly-Si/SiO_2選択比のRFパワー依存性[7)]

図 3-8 は O_2 濃度が 10% の場合のエッチ速度，および選択比の RF パワー依存性を示したものである[7]。負のエッチ速度は膜の堆積を意味する。RF パワーを下げるにつれ SiO_2 のエッチ速度は急激に減少する。一方，Poly-Si のエッチ速度は 80 W まではそれほど大きく減少しない。その結果，Poly-Si/SiO_2 選択比は RF パワーを下げると急激に増加する。RF パワー 80W における Poly-Si/SiO_2 選択比は 50，Poly-Si エッチ速度は 400nm/min である。RF パワー 50W 以下では Poly-Si のエッチングは起こらず，表面に薄膜が堆積した。薄膜の堆積速度は，RF パワー 0W のとき 4nm/min である。この結果は，Cl_2+O_2 でエッチングした場合は，WSi_2/Poly-Si 側壁に側壁保護膜が堆積することを示している。なぜなら，RF パワー 0W におけるエッチ速度は，イオンがほとんど入射しない被エッチ材料の側壁でのエッチ速度と等価なためである。

図 3-9 に Cl_2 単独，すなわち O_2 濃度 0% の時と，Cl_2 に O_2 を 10% 添加したの時のエッチング形状を比較して示す[7]。RF パワーは 80W である。O_2 濃度 0% の時はサイドエッチングが観察されるが，O_2 を 10% 添加すると SiO_2 マスクからの寸法シフトのない垂直な加工形状が得られている。これは O_2 添加により生じた反応生成物が側壁に付着して側壁を保護しているためである。側壁保護膜の成分は，図 3-8 において，RF パワー 0W で堆積した薄膜を分析することにより推測できる。前述したように，RF パワー 0W での現象は，被エッチ材料の側壁での現象を表しているためである。この薄膜をオージェ電子分光法で分析した結果を**図 3-10** に示す。O と Si のピークが強く検出されており，膜は Si と O から成っていることが分かる。この結果は側壁保護膜が SiO_x であることを示している。表 3-1 に示したように，Si−O の結合エネルギーは Si−Cl の結合エネルギーより大きいため，塩素ラジカルはほとんど側壁保護膜をエッチングしない。したがって，側壁保護膜は塩素ラジカルのアタックから側壁を効果的に保護する。その結果，異方性エッチングが実現される。

O_2 添加による SiO_2 のエッチ速度の減少も反応生成物である SiO_x の堆積によるものであると考えられる。図 3-7 で O_2 濃度 25% 以上ではエ

RFパワー	80W	80W
エッチングガス	Cl_2	Cl_2+O_2(10%)
形状	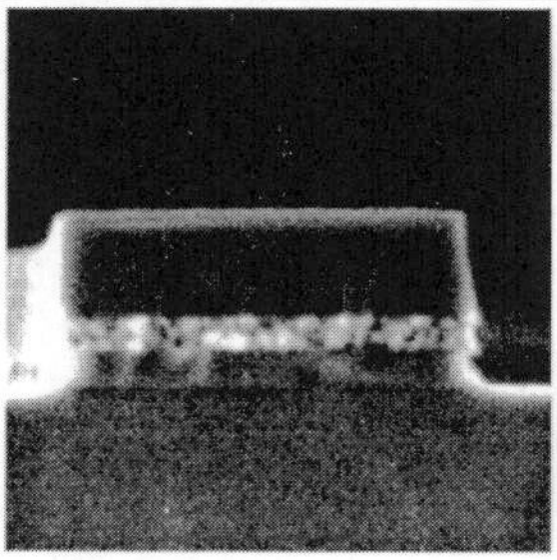	 0.5 μm
エッチ速度	350nm/min	400nm/min
選択比 (Poly-Si/SiO_2)	9	50

図3-9　WSi_2/Poly-Si を Cl_2 および Cl_2/O_2（10%）でエッチングしたときのエッチング形状[7)]

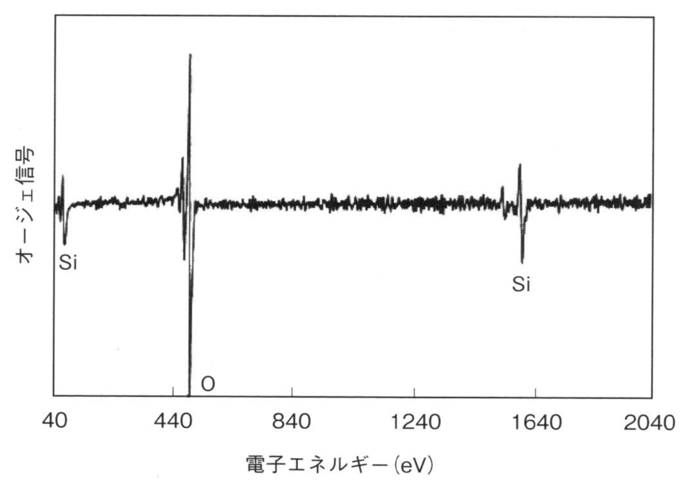

図3-10　RF パワー0W，O_2 濃度 10%のときに Poly-Si 表面に堆積した薄膜のオージェ電子分光分析結果[7)]

ッチストップが起こり，ウェハ表面に堆積膜が観察された。オージェ電子分光分析の結果，この堆積膜も SiO_x であることが分かった[7)]。このことからも，O_2 添加による SiO_2 のエッチ速度の減少は SiO_x の堆積によるものであると推察される。

以上述べてきたように，O_2 の添加は，WSi_2 のエッチ速度，および Poly-Si/SiO_2 選択比を増加させる効果があるのみならず，側壁保護膜を形成し，異方性エッチングを実現しやすくする効果があることが分かった。

4 W/WN/Poly-Si ゲートエッチング

DRAM の微細化が進むにつれ，WSi_2 に代わって，より低抵抗の W が使われるようになってきた。ゲート構造は W/WN/Poly-Si であり，ポリメタルゲートと呼ばれている。この構造のエッチングは上述の WSi_2/Poly-Si と類似のアプローチで可能であるが，W が Si を含有していない分，WSi_2 に比べ Cl_2 でのエッチングが難しい。基本的な考え方としてはウェハ温度を上げて反応生成物である W の塩化物の蒸気圧を高めるか[9)]，より蒸気圧の高い W のフッ化物を生成するように，フッ素系のガスを添加するなどの策が有効である。**図 3-11** に高温エッチン

3

各種材料のエッチング

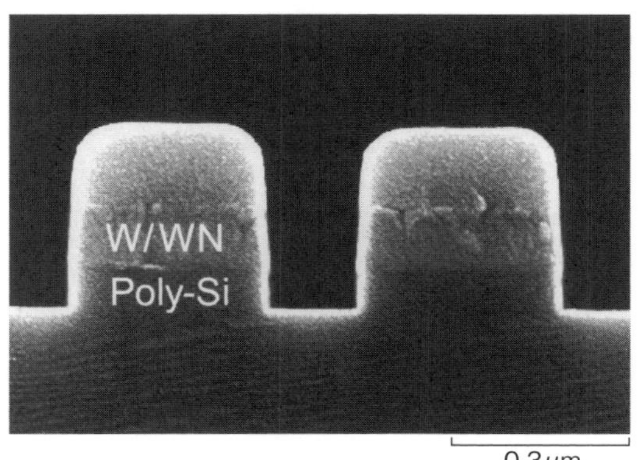

図3-11　W/WN/Poly-Si ゲートの高温エッチング[9)]
（W/WN を 100℃でエッチング）

グの例を示す[9]。ECRプラズマエッチャーを用い，Cl_2+O_2（12%）のガス系でW/WNを100℃でエッチングしている。マスクからの寸法シフトのない垂直な加工形状が得られている。

5 Si基板のエッチング

Si基板エッチングの代表例としてSTIとTSV（Through Si Via）がある。STIは1章のDRAM製作フローの所で説明したように，素子間を分離するアイソレーションに用いられるもので，ロジックデバイス，メモリデバイスいずれにも使われている。基本的にはPoly-Siのエッチングの手法がそのまま使える。エッチングガスはCl_2やHBrをベースとしたガス系を用いる。TSVは3次元デバイスを作るための貫通ビアであり，アスペクト比の大きい，深いホールをSi中に形成する工程である。これに関しては，6章の「新しいエッチング技術」で説明する。

3.2 SiO_2エッチング

SiO_2エッチングは，コンタクトホールやビアホールなどのホール系のエッチング，STIやゲート用のハードマスクエッチング，また6章の「新しいエッチング技術」で述べるダマシンエッチングなど多岐にわたり，工程数も被エッチ材料の中で一番多い。

SiO_2エッチングはSi，Poly-Si，Alのような導電性膜のエッチングに比べるとメカニズムも複雑であり，エッチングに適したプラズマソースも異なる。そこでまず最初にSiO_2エッチングのメカニズムについて説明する。

1 SiO_2エッチングのメカニズム

SiO_2のエッチングにはCおよびFが必要であり，エッチングのベースとなるガスはCとFを含むフロロカーボンである。さらに，下地Siとの選択比を大きく取るために，このフロロカーボンにH_2もしくはH

を含むガスを混合したガス系が用いられる。この理由について以下に説明する。

図 3-12 は CF_4 に H_2 を混合した系での SiO_2 エッチングのメカニズムを示すものである[10]。CF_4 はプラズマ中で CF_3^+ イオン，CF_3 ラジカル($CF_3^{\cdot}$)，F ラジカル($F^{\cdot}$)に解離する。H_2 は H ラジカル($H^{\cdot}$)を生成する。まず SiO_2 面上での反応について述べる。SiO_2 上に吸着した CF_3 ラジカルは CF_3^+ イオンの衝撃により C と F に解離する。3.1.❶で述べたように，C-O の結合エネルギーは Si-O の結合エネルギーより大きいため，C は SiO_2 中の O と反応し，CO となって揮発する。結合が弱くなった Si は F と反応して SiF_4 となって揮発する。このようにして SiO_2 のエッチングが進行する。すなわち，SiO_2 は構成原子として O を有するがゆえに，O と反応して揮発性物質を生成する C が必ずエッチングガス中に含まれている必要がある。以上が，ベースガスとして F と C を含むフロロカーボンが使われる理由である。

次に Si 面上での反応について述べる。Si 面上に吸着した CF_3 に対しては，H ラジカルによる F の引き抜き反応が起こり，その結果，フロ

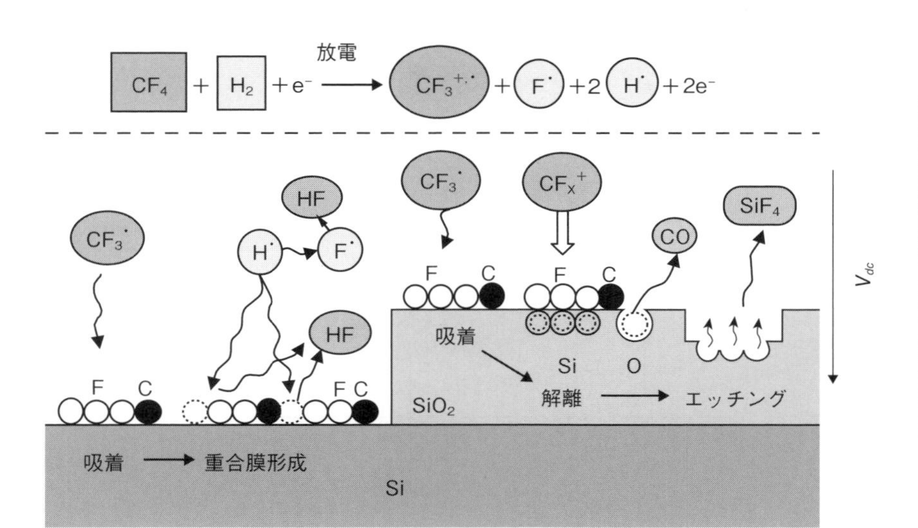

図3-12　CF_4+ H_2 による SiO_2 エッチングのメカニズム[10]

ロカーボンの重合膜（ポリマー）が形成される。Si 表面がポリマーで覆われるため，F ラジカルによる Si のエッチングが疎外されるようになる。また，気相中では H ラジカルが F ラジカルと反応して HF となり，Si のエッチャントである F ラジカルを減少させる。これを「スカベンジ効果」と呼ぶ。この2つの効果により，下地 Si のエッチ速度は遅くなり，SiO_2/Si 選択比の高いエッチングが可能になる。以上がエッチングガス中に H を必要とする理由である。**図 3-13** は SiO_2，Si，レジストのエッチ速度の H_2 濃度依存性を示すものである[11)]。H_2 の濃度が増すと Si のエッチ速度が急激に低下することが分かる。SiO_2 のエッチ速度はそれほど低下しないため，H_2 濃度とともに SiO_2/Si 選択比は上昇する。H_2 濃度 40% で SiO_2/Si 選択比は約 10 まで向上している。レジストのエッチ速度も同様な傾向にあり，SiO_2/ レジスト選択比も H_2 濃度 40% で約 10 まで向上している。

以上と同様な効果は，H そのものを自身の中に含有する CHF_3 のよう

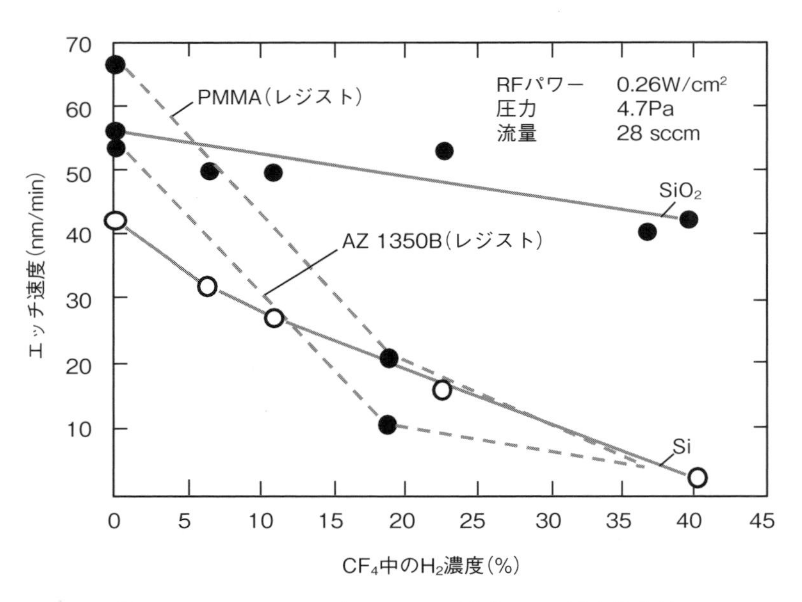

図3-13　SiO_2, Si, レジストエッチ速度の H_2 濃度依存性
（CF_4 + H_2 混合ガス系）[11)]

なガスを用いても得ることができる。CHF_3 は SiO_2 のエッチングガスとして非常にポピュラーなガスである。また次節で述べるように，C の比率が大きいガスほど選択比が高くなる傾向にあることから，最近では C_2F_6，C_3F_8，C_4F_8，C_5F_8 などのフロロカーボンが使われるようになってきている。

2 SiO_2 エッチングのキーパラメータ

次に，SiO_2 エッチングのキーパラメータについて述べる。SiO_2/Si 選択比や SiO_2/レジスト選択比を支配するキーパラメータは CF_2/F 比である。CF_2/F 比を大きくすれば選択比は大きくなる[12)]。**図 3–14** は F と CF_x の比 F/CF_x が何に支配されるかを調べた実験結果である[13)]。この実験では，ガスとして $C_4F_8/O_2/Ar$ を用いている。図から分かるように，F/CF_x は粒子の滞在時間 τ と電子密度（プラズマ密度）n_e の積 $\tau \cdot n_e$ に依存し，$\tau \cdot n_e$ が大きくなるにつれ大きくなる。

電子と分子の衝突回数は次の式で表される。

$$\xi = \tau \cdot n_e < \sigma v > \quad \cdots\cdots\cdots (3.1)$$

ここで，

τ：粒子の滞在時間

n_e：電子密度（プラズマ密度）

σ：衝突断面積

v：電子の速度

である。すなわち図 3–14 の意味するところは，滞在時間 τ が長いほど，また，電子密度（プラズマ密度）n_e が大きいほど電子と分子の衝突回数は大きくなるため，C_4F_8 の解離が進み，F が増える，すなわち F/CF_x が増えるということである。冒頭に述べた対 Si 選択比の指標である CF_2/F で考えてみると，τ が長いほど，また n_e が大きいほど CF_2/F が減少するということになる。これは選択比が低下する方向である。すなわち，SiO_2 のエッチングにおいては，粒子の滞在時間を短くし，プラズマ密度をあまり高くしない方が高選択比が得られることを意味してい

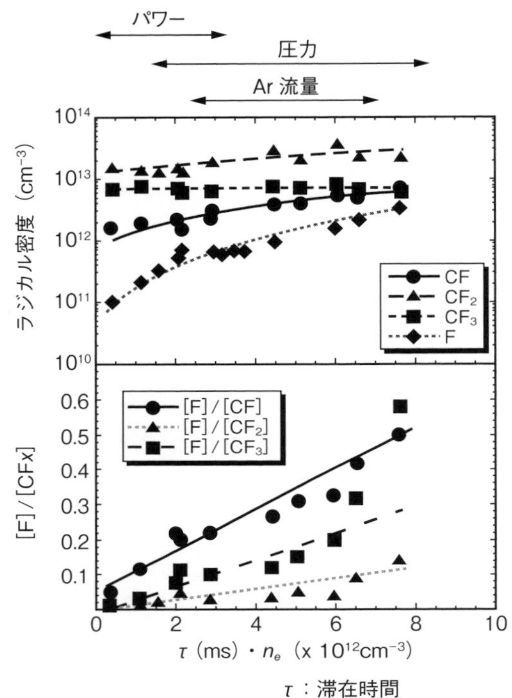

図3-14　$C_4F_8/O_2/Ar$ プラズマにおける F/CF_x 比および各ラジカル濃度と，滞在時間 × 電子密度との関係[13]

る。したがって SiO_2 のエッチングには高密度プラズマは適しておらず，一般的に中密度プラズマが用いられる。4章で詳細に説明するが，エッチング装置としては，中密度プラズマのナローギャップ平行平板型エッチャーが適している。

次に，粒子の滞在時間 τ は次の式で表される。

$$\tau = \frac{PV}{Q} \qquad \cdots\cdots\cdots(3.2)$$

ここで，

P：圧力

V：プラズマの体積

Q：排気量

である。すなわち，τを小さくするにはプラズマ体積を小さくし，ガスの排気量を大きくし，圧力を下げる方向が良いことが分かる。チャンバとしては電極間隔の狭いナローギャップ平行平板型エッチャーを用いることによりプラズマ体積を小さくできる。

図 3-15 に電極間隔が C_4F_8 の解離，および SiO_2/Si 選択比，SiO_2/レジスト選択比におよぼす影響を示す。電極間隔が広くなるとプラズマ体積が増えるためτが大きくなり，C_4F_8 の解離が進む。その結果 CF_2/F が減少し，選択比は低下する。すなわち，高い選択比を得るためには，電極間隔は狭いほうが良いことを示している。電極間隔は通常 25 mm ～ 30 mm で使われる。**図 3-16** は Ar 流量が C_4F_8 の解離，および SiO_2/Si 選択比，SiO_2/レジスト選択比におよぼす影響を示したものである。圧力を一定とした場合，Ar 流量が増えると(3.2)式からτが小さくなり，C_4F_8 の解離が抑制される。その結果 CF_2/F は大となり，選択比は高くなる。

一時 SiO_2 のエッチングに ICP や ECR のような高密度プラズマを使う動きがあった。しかしながら，いずれも十分な選択比が得られず，結局，ナローギャップ平行平板型エッチャーがが使われるようになった。その

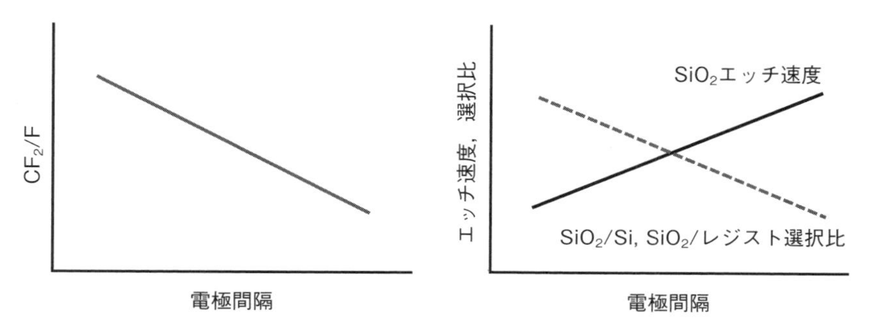

図3-15　電極間隔が C_4F_8 の解離および SiO_2/Si 選択比，SiO_2/レジスト選択比におよぼす影響

3 各種材料のエッチング

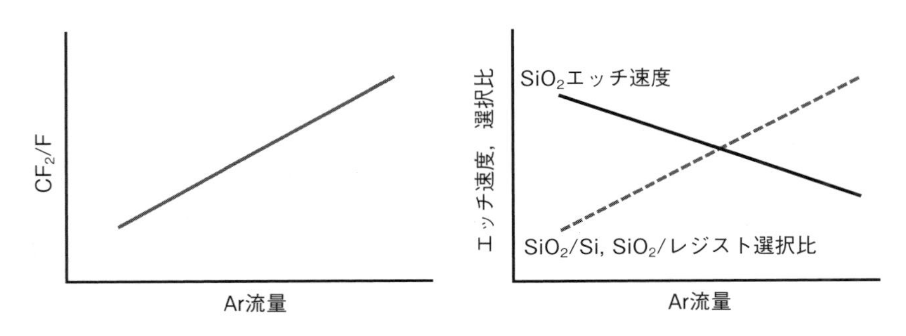

図3-16　Ar 流量が C_4F_8 の解離および SiO_2/Si 選択比，SiO_2/レジスト選択比におよぼす影響

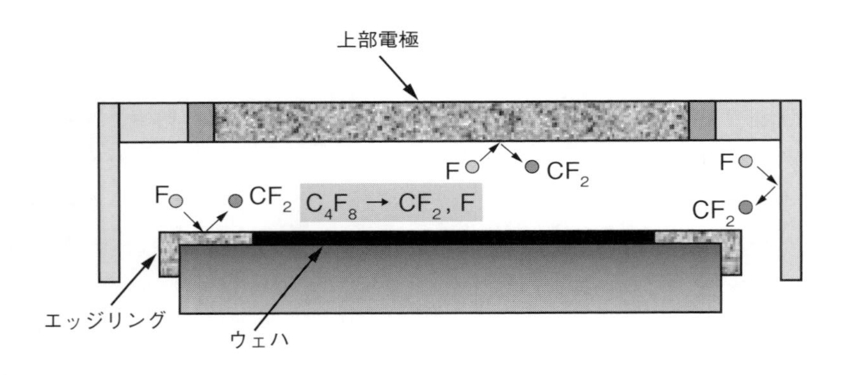

図3-17　チャンバ壁での反応[14)]

理由が以上の説明から理解できたことと思う。

チャンバの壁や上部電極表面では**図 3-17** に示すように F を消費し，CF_2 を放出する反応が起こっている[14)]。CF_2 が放出される反応は，温度，バイアスにより加速されることが報告されている[15),16)]。上部電極を加熱したり，上部電極にバイアスをかけると SiO_2/Si 選択比，SiO_2/レジスト選択比は向上する。**図 3-18** は上部電極温度が 180℃の場合と 75℃の場合の SiO_2 エッチング後の断面を比較したものであるが[14)]，180℃の場合の方がレジストの残膜量が多い。すなわちレジスト選択比が大きいことが分かる。このように SiO_2 エッチングではチャンバ壁や上部電極

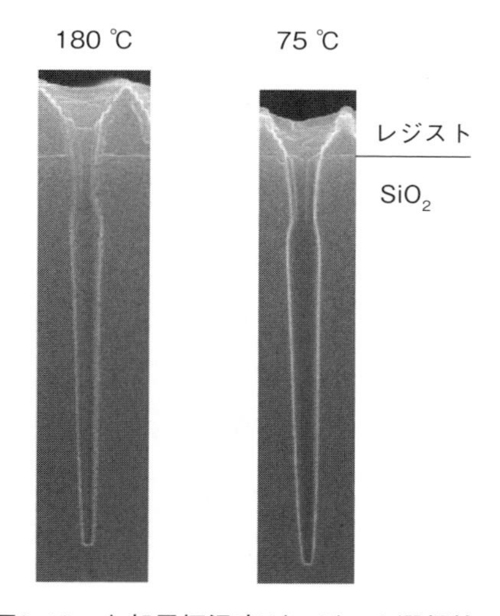

図3-18　上部電極温度がレジスト選択比におよぼす影響[14]

の表面状態を制御することは非常に重要である。

3.2. **1** で説明したように，SiO_2/Si 高選択比エッチングは，Si 表面へポリマーを形成して Si のエッチ速度を小さくすることによって得られる。Si 表面へポリマーを形成するには，添加ガスの濃度に加えてイオン加速電圧の設定が重要であることを説明する。**図 3-19** は C_4F_8 ベースのガス系でのエッチングにおいて，SiO_2，Si のエッチ速度および SiO_2/Si 選択比の V_{max}（最大イオン加速電圧）依存性を示したものである[17]。C_4F_8 単独の場合，SiO_2，Si のエッチ速度は V_{max} と共に増加するが SiO_2/Si 選択比は小さく，V_{max} 依存性もない。SiO_2/Si 選択比を向上させる目的で C_4F_8 に，水素を多く含む CH_3F を 30% 添加すると，HF の形で F ラジカルが減少することおよび CH，CF 系のポリマーが Si 表面に堆積することにより Si のエッチ速度が著しく低下し，選択比は向上する。この効果は V_{max} を小さくするほど顕著になり，V_{max} が 200V 以下では Si 表面は完全にポリマーで覆われ，Si のエッチングは進行しなくなる。すなわち選択比は無限大となる。ただし SiO_2 のエッチ速度も低下するため，実際の条件設定においては，エッチ速度と選択比の兼ね

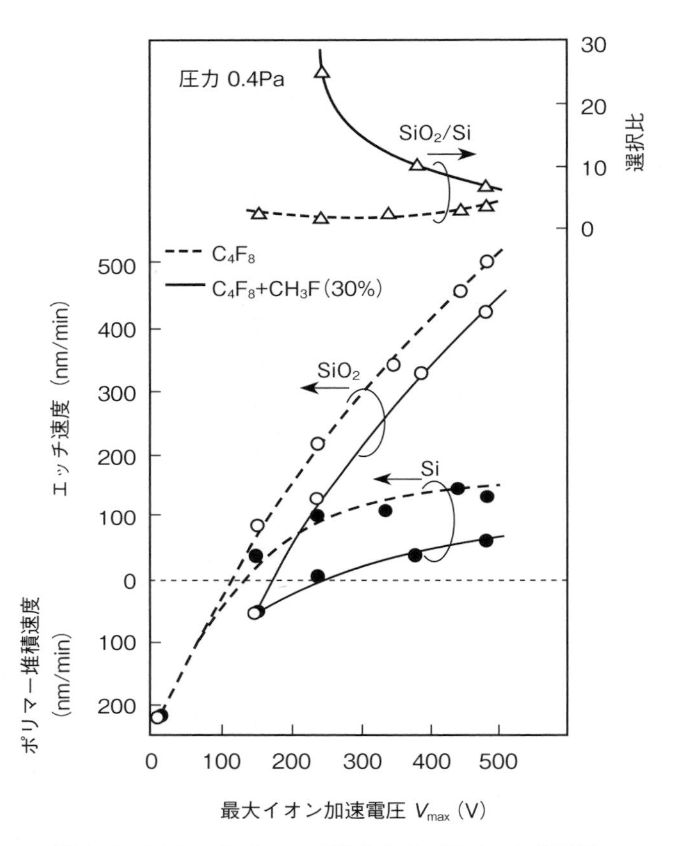

図3-19　SiO_2，Si のエッチ速度および SiO_2/Si 選択比の最大イオン加速電圧（V_{max}）依存性[17]

合いでイオンエネルギーを設定する必要がある。

3 SAC エッチング

SAC（Self-Aligned Contact）エッチングとは，**図 3-20** に示すようにゲート電極間にコンタクトホールを開口する時，エッチングのストッパとなる Si_3N_4 膜でゲートを覆っておき，合わせずれが起こってもコンタクトホールとゲートがショートしないようにする技術である。これにより合わせマージンが拡大し，チップサイズの縮小が可能となる。SAC

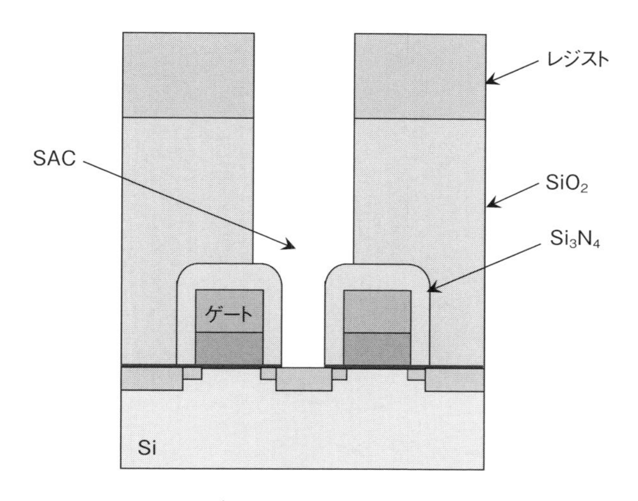

図3-20　SAC（Self-aligned Contact）エッチング

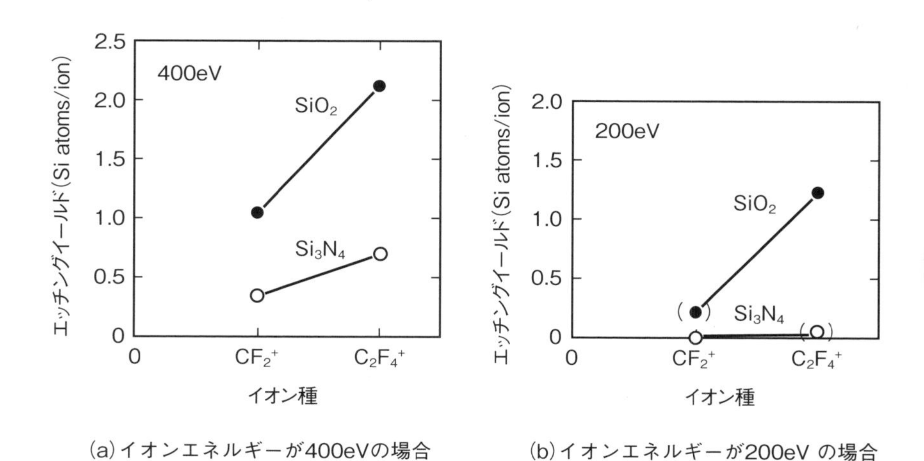

図3-21　CF_2^+，$C_2F_4^+$ イオンを SiO_2，Si_3N_4 に照射したときのエッチングイールド[18)]

エッチングでは SiO_2/Si_3N_4 選択比をいかに大きくとるかがポイントになる。SAC エッチングでは C_4F_8 に CO を混合したガス系がよく用いられる。**図 3-21** は CF_2^+ イオンと $C_2F_4^+$ イオンを SiO_2 および Si_3N_4 に照射し，その時のエッチングイールドを測定した結果である[18)]。ここでエッ

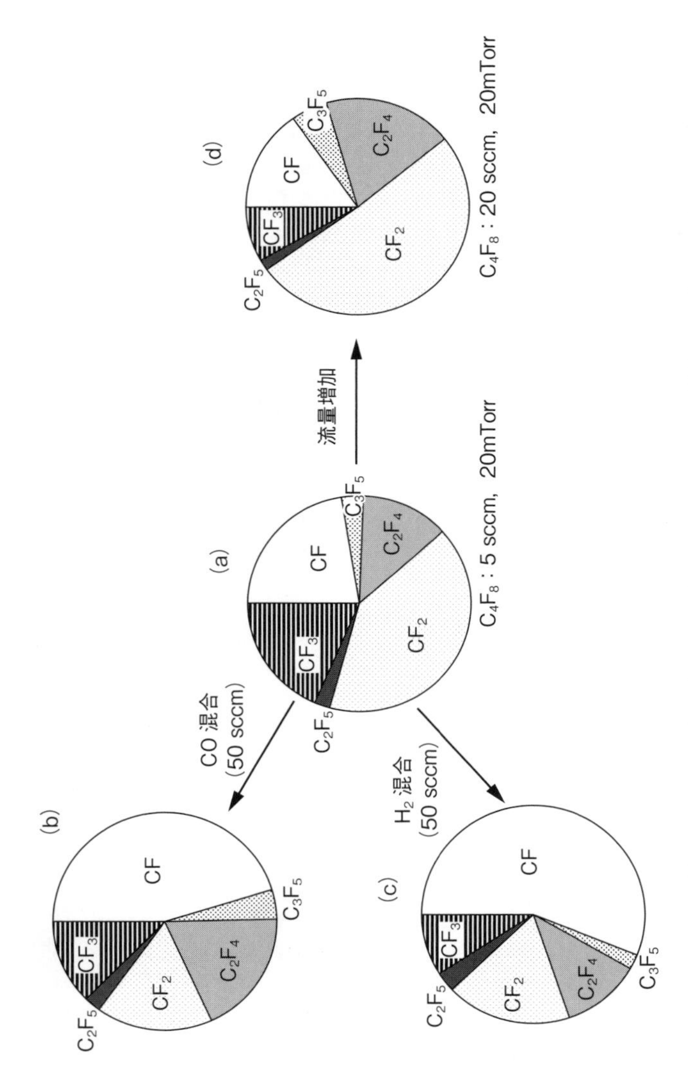

図3-22　C_4F_8 プラズマおよび C_4F_8 に CO，H_2 を混合したプラズマ中におけるイオン種の濃度[18]

チングイールドはエッチングされたSi原子の数を入射イオン数で割ったものと定義される。$C_2F_4^+$の方がCF_2^+に比べ，SiO_2のエッチングイールドは大きく，かつSiO_2/Si_3N_4選択比を大きくとれることが分かる。特にイオンエネルギーを200eVまで下げるとポリマーの堆積により，Si_3N_4のエッチ速度は著しく減少し，SiO_2/Si_3N_4選択比として80が得られている。**図3-22**はC_4F_8プラズマ中およびC_4F_8にCOを混合したプラズマ中でのイオン種の濃度を測定した結果である[18]。C_4F_8にCOを混合するとCF_2^+の濃度が減少し，$C_2F_4^+$の濃度が増すことが分かる。マグネトロンRIE（装置については4章で説明する）を用いた実際のエッチングにおいても，C_4F_8単独よりC_4F_8にCOを混合した方がSiO_2/Si_3N_4選択比が向上することが確認されており，選択比として15が得られている[18]。

また，C_4F_8に代わるガスとしてC_5F_8も注目されている。マグネトロンRIEを用い，C_5F_8/O_2のガス系で肩部の選択比として21を得た例が報告されている[19]。Cリッチでかつ3次元のC-C結合を持った，耐プラズマ性の良いポリマ－が形成されるため，高い選択比が得られるとしている。

4 スペーサーエッチング

最後にスペーサーエッチングについて述べる。スペーサーエッチングはゲートの側壁に絶縁膜のスペーサーを形成するためのエッチングである。スペーサーは1章のDRAMのプロセスフローのところで述べたように，ゲートからやや離れた部分にソースドレイン領域を形成するのに用いられる。また，6章の6.6節で述べるマルチパターニングにも応用される。スペーサーエッチングは異方性エッチングの特性を巧みに利用したプロセスである。プロセスフローを**図3-23**に示す。

(1) ゲートを形成した後，(2) CVD（Chemical Vapor Deposition）法でSiO_2やSi_3N_4などの絶縁膜を堆積する。(3) 引き続き異方性エッチングを行うと，ゲートの側壁部では垂直方向に見たCVD絶縁膜の膜厚が厚いため，CVD絶縁膜がエッチングされずに残り，スペーサーが

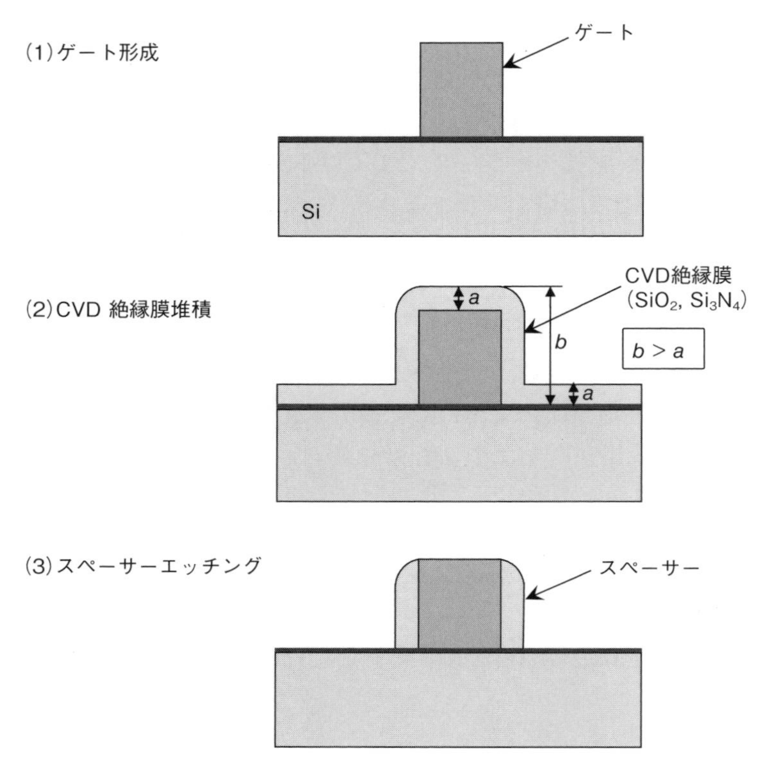

図3-23　スペーサーエッチングプロセス

形成される。

3.3 配線エッチング

ロジックデバイスでは多層配線構造が使われている。層数は多いもので10層近くある。そのため全工程の中で，配線工程の占める割合は非常に多い。しかし，6章の「新しいエッチング技術」で詳しく述べるように，ロジックデバイスではAl配線に代わってCuダマシン配線が使われるようになり，Al配線はわずかに多層配線の最上層およびボンディングパッドに使われている程度である。パターンサイズも大きいため，微細加工はあまり必要とされない。DRAM やフラッシュのようなメモリデバイスでは Al 配線はまだ使われているが層数そのものは少なく，2～3層である。メモリデバイスでも Cu ダマシン配線が導入されつつあり，少なくとも1層はすでに Cu ダマシン配線に代わっている。したがって，全エッチング工程数の中で，Al 配線エッチングの比率は下がってきている。

❶ Al 配線エッチング

2章の 2.3.❹で述べたように，Al のエッチングには Cl_2 をベースとしたガスが用いられる。Cl ラジカルにより，Al 自体は非常に速い速度でエッチングされる。しかしながら Al は非常に酸化しやすいため，表面には通常，酸化膜 Al_2O_3 が形成されており，これがエッチングを阻害する。この表面の酸化物を除去するために，還元性の強い BCl_3 を混合する。したがって，Cl_2+ BCl_3 が Al エッチングの基本的なガス系である。

Al 配線材料の構造としては，耐エレクトロマイグレーション性の観点から，Al 合金とバリアメタルの積層メタル構造が用いられる。積層メタルではさらに反射防止膜として Al 合金の上に薄膜を形成することがある。具体的な構造としては TiN/Al-Si-Cu/TiN や TiW/Al-Si-Cu/TiW のサンドイッチ構造となる。

Al のエッチングではパターンによりサイドエッチング量が異なる，いわゆるマイクロローディング効果が問題になる。**図 3-24** にマイクロローディング効果を調べた実験結果を示す[20]。図 3-24(a)に示すような，75 mm × 45 mm の矩形パターンから 4 μm 幅のラインが細長く伸びるレイアウトのテストパターンを使い，ライン上の各位置での Al のサイドエッチング量（アンダーカット量）を調べた結果が図 3-24(b)に示されている。装置は平行平板型 RIE で，圧力は 47Pa である。図 3-24(b)から，矩形パターンから離れるほどサイドエッチング量が増していることが分かる。2章の 2.3.❸で述べたように Cl で Al をエッチングする場合は側壁保護プロセスに頼らざるを得ない。矩形パターンから離れるほ

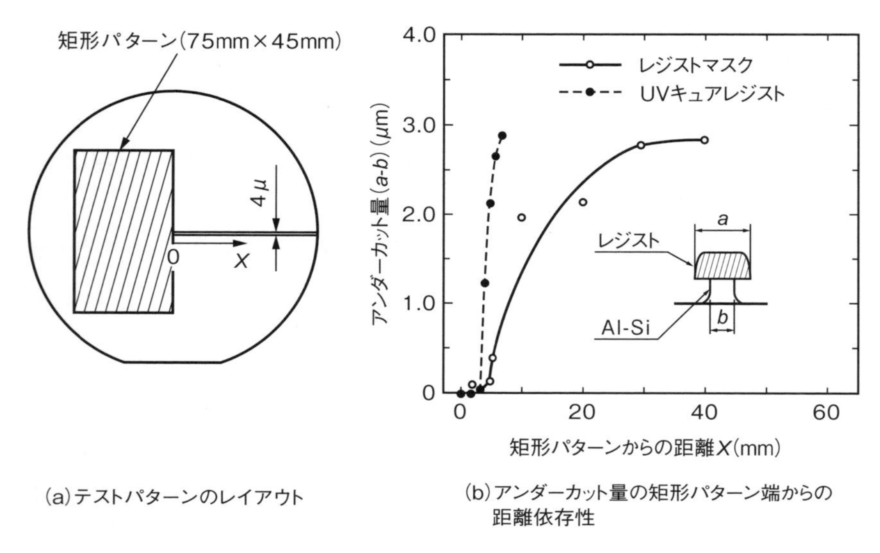

図3-24　Al-Si エッチングにおけるマイクロローディング効果[20]

どレジストからのポリマーの供給が少なく，側壁保護膜が薄いため，サイドエッチングが入ってしまうわけである。図中，破線はUVキュアレジストの場合を示しているが，こちらの方がサイドエッチング量が大きい。UVキュアとは，レジストにUV光を照射しながら加熱することを言うが，それにより対レジスト選択比が上がり，ポリマーの供給がより少なくなるため，サイドエッチング量が大きくなったと考えられる。レジストからのポリマー供給が減るためにサイドエッチングが起こるという現象は，実デバイスのパターンでは，エッチング面積に比べレジストマスクの面積が小さい領域で起こる。この現象は特に圧力が高いときに顕著である。これを防ぐには動作圧力を下げ，イオンの直進性を増すと良い。側壁保護膜が薄くても異方性エッチングが可能だからである。エッチング方式としては低圧動作可能なECRプラズマやICPが有効である。**図3-25**はウェハの半分にレジストを塗布し，そこからの距離によってサイドエッチング量がどう変化するか調べたものである[21]。ECRプラズマエッチャーを用いており圧力は2Paである。レジストからの

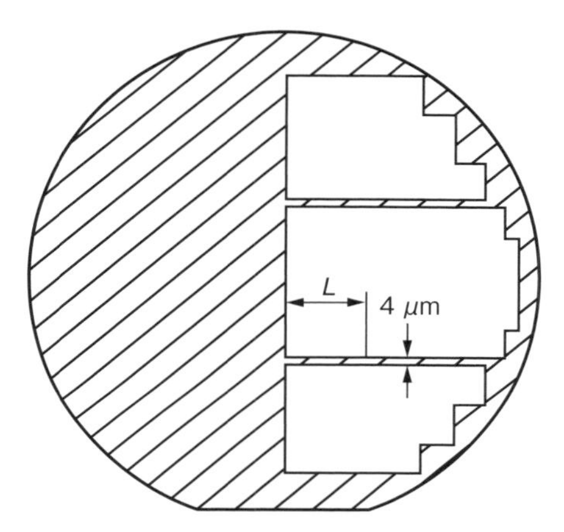

エッチング後の断面形状

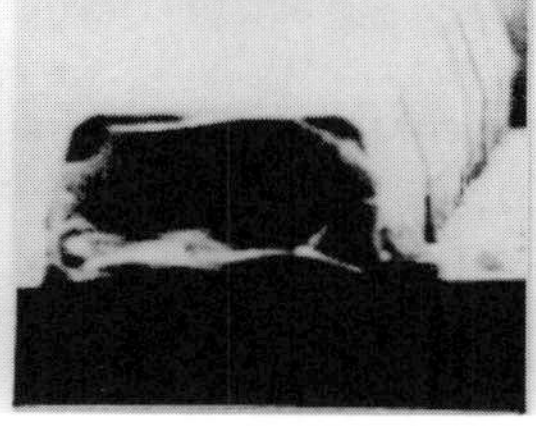

L=5 mm　　L=20 mm　　L=40 mm

注：L（レジスト端面からの距離）

図3-25　Al-Si-Cu 膜の加工におよぼすレジストの影響[21)]

距離 5 ～ 40 mm で形状，サイドエッチング量ともほとんど変化していないことが分かる。サイドエッチングを防ぐもう一つの対策として，添加ガスによる側壁保護膜の強化が挙げられる。たとえば CH 系の添加ガスを加えればレジストに似たポリマーが側壁に付着するため，側壁保護膜を強化することができる。

図 3-26 は ECR プラズマによる Al-Si-Cu エッチングにおいて V_{dc} と Al-Si-Cu エッチ速度，サイドエッチング量の関係を示したものである[22)]。圧力は 1.3 Pa である。図から V_{dc} を変化させることによりエッチ速度を変えることなくサイドエッチング量を制御できることがわかる。

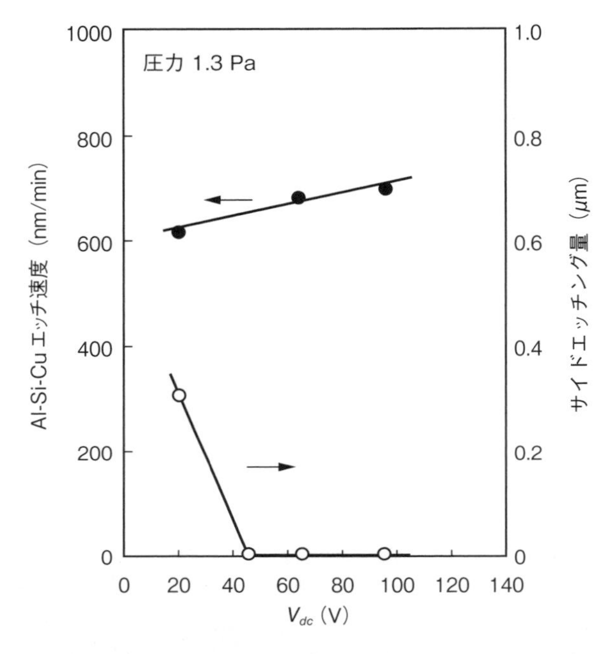

図3-26　Al-Si-Cu のエッチ速度およびサイドエッチング量の V_{dc} 依存性[22)]

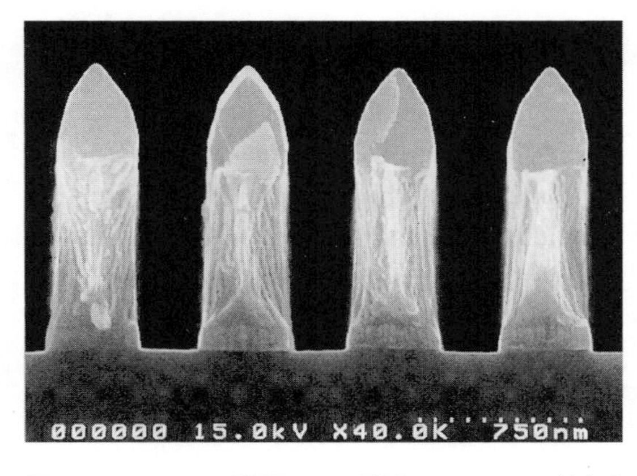

図3-27　Al-Si-Cu 積層メタル構造のエッチング例[23)]

図 3-27 に ECR プラズマエッチャーによる積層メタル構造のエッチング例を示す[23)]。各層間に段差のない異方性エッチングが実現できている。バリアメタルの内，TiN は Cl_2 でエッチングできるので加工は比較的容易である。一方，TiW は W が成分の 80 ～ 90% を占めているので，そのエッチング特性は W に近く，エッチングには F 系のガスが必要である。

2 Al 配線の防食処理技術

Al エッチングでもう 1 つ重要なポイントは防食処理技術である。Al エッチング後，残留 Cl が多い状態でウェハを大気中に取り出すと腐食が多発する。大気中の水分と残留 Cl で HCl が生じるためである。Cu を含有する Al 合金では Cl^- イオンが容易に Cu 酸化膜を破壊するため局部電池作用が起こり，腐食が進行すると言われている。TiN/Al-Si-Cu/TiN や TiW/Al-Si-Cu/TiW のような積層構造では異種金属間の局部電池作用が加わるため腐食のポテンシャルはさらに増す。いずれにせよ腐食を防止するにはウェハ上の残留 Cl を徹底的に除去することが重要である[24)]。**図 3-28** はエッチングの各工程におけるウェハ上の残留 Cl を調べた結果である[25)]。エッチング直後ウェハに多量に付着している Cl は，アッシャーでレジストを除去することにより 99% 以上除去できる。その後ウェット処理するとほぼエッチング前のレベルになる。真空を破らずにレジストを除去できるアッシャーを搭載したエッチング装置を用いると，1% 前後の Cu を含む Al 合金であればレジスト除去だけで腐食防止は十分である。バリアメタルを有する積層構造ではさらに純水などによる洗浄を追加するのが有効である。

3 その他の配線材料のエッチング

その他の配線材料として W と Cu がある。W はメモリの配線の一部に用いられている。W のエッチングは 3.1. 4 で述べた W/WN/Poly-Si ゲートと類似のアプローチが適用できる。

Cu のエッチングはきわめて難しい。2 章の表 2-3 のデータから推測できるように，Cu のハロゲン化物はきわめて揮発しにくく，エッチン

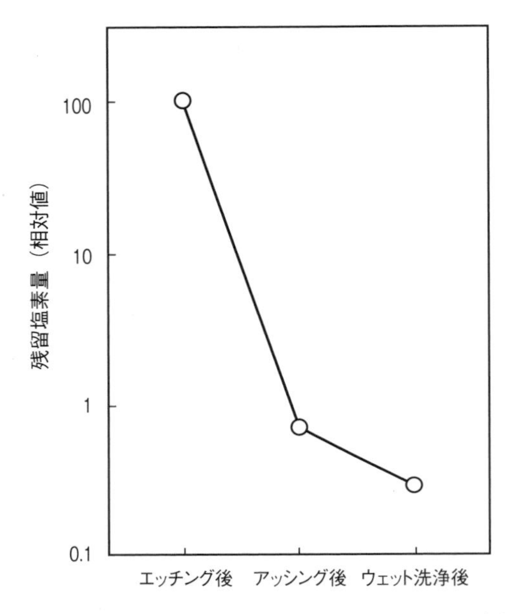

図3-28　Al-Si-Cu エッチングの各工程におけるウェハ上の残留塩素量[25]

グにあたってはウェハ温度をかなり高くする必要がある。Cl_2+N_2 を用い，350℃でエッチングした例[26] や，$SiCl_4$+N_2+Cl_2+NH_3 を用い，280℃でエッチングした例[27] が報告されている。しかし，高温の静電チャックが必要になることや，反応生成物がチャンバや排気系に付着するのを防止するために，装置のあらゆる箇所を加熱する必要があるなど，多くの問題点があるため，Cu 配線のエッチングは実用化されていない。現在，Cu 配線形成には，6 章の「新しいエッチング技術」で述べる Cu ダマシン技術が用いられている。

3.4 まとめ

以上，半導体製造プロセスの中の基幹技術である，ゲートエッチング，SiO_2 エッチング，Al 合金積層メタル構造のエッチングを中心に解説してきた。ここでは単なる各論にとどまらず，エッチングを支配するパラメータとその制御法について理解できるよう解説した。半導体の進歩はとどまる所を知らず，今後も新しい材料が導入されて行くと思われる。そのときに大切なことは対症療法的なアプローチのしかたではなく，基本に立ち戻ったアプローチのしかたである。2章で解説した「ドライエッチングのメカニズム」と，本章で解説した「各種材料のエッチング」の基本的な考え方を理解し，今後のエッチング技術開発に応用していただきたい。

〔参 考 文 献〕

1）野尻一男，定岡征人，東英明，河村光一郎：第36回春季応用物理学会講演予稿集（第2分冊），p.571（1989）.
2）M. Nakamura, K. Iizuka & H. Yano：Jpn. J. Appl. Phys. **28**, 2142（1989）.
3）S. Ramalingam, Q. Zhong, Y. Yamaguchi & C. Lee：Proc. Symp. Dry Process, p.139（2004）.
4）S. Tachi, M. Izawa, K. Tsujimoto, T. Kure, N. Kofuji, R. Hamasaki, & M. Kojima：J. Vac. Sci. Technol. A **16**, 250（1998）.
5）C. Lee, Y. Yamaguchi, F. Lin, K. Aoyama, Y. Miyamoto & V. Vahedi：Proc. Symp. Dry Process, p.111（2003）.
6）S. Hwang and K. Kanarik: Solid State Technol., p.16, July（2016）.
7）K. Nojiri, K. Tsunokuni & K. Yamazaki：J. Vac. Sci. Technol. B **14**, 1791（1996）.
8）T. P. Chow & A. J. Steckl：J. Electrochem. Soc. **131**, 2325（1984）.
9）K. Nojiri, N. Mise, M. Yoshigai, Y. Nishimori, H. Kawakami, T. Umezawa, T. Tokunaga & T. Usui：Proc. Symp. Dry Process, p.93（1999）.
10）堀池靖浩：第19回半導体専門講習予稿集，p.193（1981）.
11）L. M. Ephrath：J. Electrochem. Soc. **126**, 1419（1979）.
12）伊澤勝，横川賢悦，山本清二，根岸伸幸，桃井義典，堤貴志，辻本和典，田地新一：第46回応用物理学関係連合講演会講演予稿集，p.793（1999）.
13）T. Tatsumi, H. Hayashi, S. Morishita, S. Noda, M. Okigawa, N. Itabashi, Y. Hikosaka & M. Inoue：Jpn. J. Appl. Phys. **37**, 2394（1998）.
14）K. Nojiri: Advanced Metallization Conference Tutorial, p.92（2017）.
15）S. Ito, K. Nakamura & H. Sugai：Jpn, J. Appl. Phys. **33**, L1261（1994）.

16）M. Mori, S. Yamamoto, K. Tsujimoto, K. Yokogawa & S. Tachi：Proc. Symp. Dry Process, p.397（1997）.
17）K. Nojiri & E. Iguchi：J. Vac. Sic. & Technol. B **13**, 1451（1995）.
18）T. Sakai, H. Hayashi, J. Abe, K. Horioka & H. Okano：Proc. Symp. Dry Process, p.193（1993）.
19）Y. Ito, A. Koshiishi, R. Shimizu, M. Hagiwara, K. Inazawa & E. Nishimura：Proc. Symp. Dry Process, p.263（1998）.
20）I. Hasegawa, Y. Yoshida, Y. Naruke & T. Watanabe：Proc. Symp. Dry Process, p.126（1985）.
21）川崎義直，西海正治，奥平定之，掛樋豊：日立評論，第71巻，5号 p.33（1989）.
22）定岡征人，野尻一男，広部嘉道，福山良次：48回秋季応用物理学会講演予稿集（第2分冊），p.469（1987）.
23）N. Tamura, K. Nojiri, K. Tsujimoto, K. Takahashi：Hitachi Review **44**（2）, 91（1995）.
24）A. Hall & K. Nojiri：Solid State Technol. **34**（5）, 107（1991）.
25）野尻一男：「0.3μm プロセス技術」トリケップス社，p.163（1994）.
26）星野和弘，中村守孝，八木春良，矢野弘，土川春穂：第36回春季応用物理学会講演予稿集（第2分冊），p.570（1989）.
27）K. Ohno, M. Sato & Y. Arita：Ext. Abstr. Int. Conf. Solid State Devices and Materials, p.215（1990）.

4章 ドライエッチング装置

本章では，まず最初にドライエッチング装置の歴史について述べる。次いで，現在LSIの製造に使われているドライエッチング装置，すなわち，バレル型プラズマエッチャー，CCP（Capacitively Coupled Plasma）プラズマエッチャー，マグネトロンRIE，ECR（Electron Cyclotron Resonance）プラズマエッチャー，ICP（Inductively Coupled Plasma）プラズマエッチャー について，プラズマの生成原理，プラズマ密度，動作圧力範囲，および主な特徴について詳細に解説する。最後にドライエッチング装置の中で重要な役割を果たしている静電チャックについて説明する。

4.1 ドライエッチング装置の歴史

ウェットエッチングに代わるものとして最初に使われたドライエッチング装置は，筒状の石英管の周りに電磁誘導コイル，あるいは容量結合電極を設置しプラズマを発生させる方式で，バレル型プラズマエッチャーと呼ばれた。1968年に初めて半導体関連材料に適用されたが，加工精度が良くないため，レジストのアッシング，ウェハ裏面膜除去，ボンディングパッド部の絶縁膜エッチングなどの加工精度が要求されない工程に使われた。

ドライエッチング技術がいわゆる加工技術として本格的に半導体製造プロセスに使われたのは3μmプロセスの64kビットDRAMからである。用いられたのはCCPと呼ばれる平行平板型のドライエッチング装置であり，容量結合によりプラズマを生成する。このタイプのエッチング装置はRIEとも呼ばれ，広くドライエッチングの代名詞ともなった。その後多くの改良が加えられ，Poly-Si，絶縁膜，Al配線などの材料の加工に広く使われた。当初は一度に多数枚のウェハを処理するバッチ式のものが使われた。ウェハの大口径化が進み，また高精度加工が要求されるようになると，バッチ式の装置では対応できなくなり，ウェハを1枚ずつ処理する，枚葉式のドライエッチング装置が出現した。枚葉式のエッチング装置では，バッチ式に匹敵するスループットを得るためにエッチ速度の高速化が必須であり，いかにプラズマを高密度化するかが技術課題となった。

枚葉式ドライエッチング装置のプラズマ密度を向上させるための手段として，最初に登場したのがマグネトロンRIEである。これは磁場を印加することによりプラズマ密度を高める方式であり，MERIE（Magnetically Enhanced Reactive Ion Etching）とも呼ばれる。この方式ではプラズマ密度の不均一性がチャージアップダメージを引き起こしやすいという問題点があり，デバイスの微細化が進むにつれ，使われる工程が限定されるようになった。また，以下に説明するECRやICPに比べるとプラズマ密度が低い。

0.8μmプロセスである4MビットDRAMでは，磁場とマイクロ波による電子サイクロトロン共鳴を用いて高密度プラズマを発生させるECRプラズマエッチャーが導入された。日立が量産装置として実用化し，1985年に市場に投入した。低圧で高密度プラズマが得られ，かつプラズマ形成とは独立にイオンエネルギーを制御できるなど，微細加工に適した優れた特徴を持っており，ゲート加工やAl配線用の枚葉式高密度プラズマエッチャーとして一世を風靡した。なお日立ではこの方式を有磁場マイクロ波プラズマと呼んでいるが，広義にはECRプラズマの範疇に入るため，本書ではECRプラズマと記すことにする。

ECR プラズマエッチャーでは強い磁界を形成するための大きな電磁コイルが必要であり，チャンバをコンパクトにできないという問題点があった。そこで登場したのが，ICP タイプのエッチャーである。チャンバの上部に簡単なコイルを配置し，電磁誘導で高密度プラズマを発生させる方式である。大きな電磁コイルがなくとも ECR と同程度のプラズマ密度が得られること，また，ECR 同様，プラズマ形成とは独立にイオンエネルギーを制御できることから，次第に高密度プラズマの枚葉式エッチング装置としての地位を確立して行った。ICP タイプの代表的な装置として，ラムリサーチが 1992 年に市場に投入した TCP（Transformer Coupled Plasma）プラズマエッチャーがある。

現在，ゲート材料や Si，Al 配線のような導電性材料の微細加工には ECR や ICP のような高密度プラズマが使われている。一方，高密度プラズマは 3 章で述べたように SiO_2 のエッチングには不向きなため，SiO_2 のエッチングには，CCP タイプで電極間距離を 25 ～ 30mm 程度に狭めた ナローギャップ平行平板型と呼ばれる中密度プラズマのエッチング装置や，前述のマグネトロン RIE が使われている。

以上述べてきたように，パターン加工技術として CCP のバッチ式から始まったドライエッチング技術は，その後ウェハの大口径化，パターンの微細化の課題に対応すべく，種々の変遷を遂げて今日に至っている。大口径化のためにはバッチから枚葉への移行が必要であり，そのためにはエッチ速度を上げること，すなわちプラズマの高密度化が必要であった。また，パターンの微細加工のためには動作圧力を下げる必要があった。したがってドライエッチング技術の歴史は，いかに低圧領域で高密度のプラズマを作るかを目指した技術革新の歴史であったと言っても過言ではない。

次節以降では，LSI の製造に使われているドライエッチング装置について詳細に解説する。

4.2 バレル型プラズマエッチャー

図 4-1，**図 4-2** にバレル型プラズマエッチャーの装置断面図を示す。バレル型プラズマエッチャーは筒状の石英管の周りに電磁誘導コイル（図 4-1），あるいは一対の容量結合電極を設置し（図 4-2），13.56 MHz の RF パワーを印加することによりプラズマを発生させる方式である。図 4-1 のタイプは誘導結合でプラズマを発生させるものであり，図 4-2 のタイプは容量結合でプラズマを発生させるものである。石英筒の中には，50 枚程度のウェハを設置し，これら多数枚のウェハを同時にプラズマ処理する。動作圧力は $10 \sim 10^3$ Pa であり，エッチングはラジカル

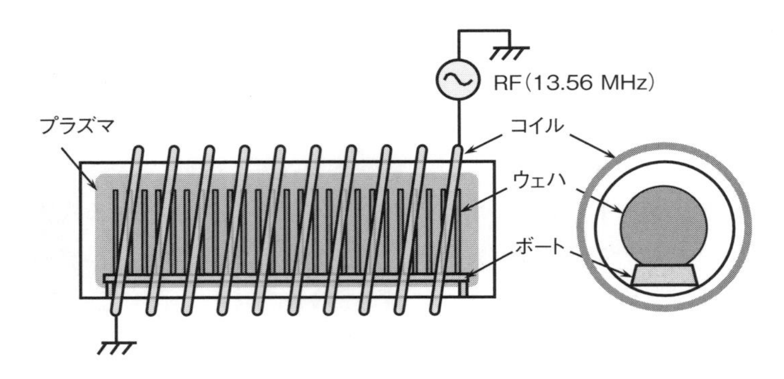

図4-1　バレル型プラズマエッチャー（誘導結合型）

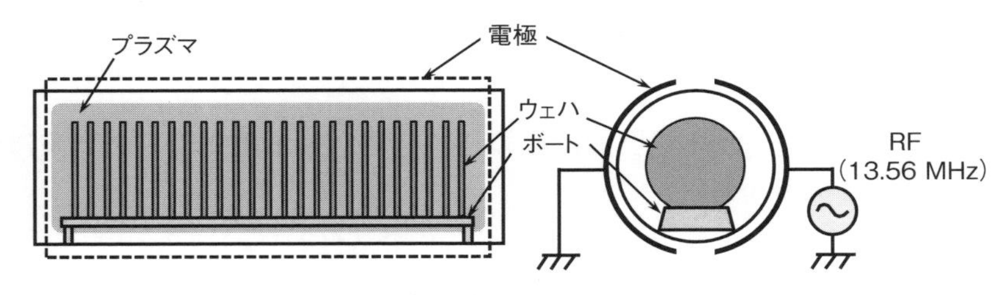

図4-2　バレル型プラズマエッチャー（容量結合型）

反応によるため等方的に進行する。バレル型プラズマエッチャーはウェットエッチングに代わって最初に半導体製造工程に使われた装置であるが，等方性エッチングのため，加工精度を要求されないレジストのアッシング，ウェハ裏面膜除去，ボンディングパッド部の絶縁膜エッチングなどの工程に使われた。現在では主としてレジストのアッシング工程に使われている。

4.3 CCP プラズマエッチャー

図 4-3 に CCP プラズマエッチャーの断面図を示す。CCP（容量結合型プラズマ）は Capacitively Coupled Plasma の略であり，平行に設置された一対の電極間に RF パワーを印加することによりプラズマを発生させる方式である。このタイプのエッチャーは平行平板型プラズマエッチャーあるいは RIE とも呼ばれ，本格的なパターン加工技術として最初に半導体製造プロセスに使われた装置である。当初は Poly-Si，絶縁膜，Al 配線などの材料の加工に広く使われたが，その後 Poly-Si や Al の配線加工には ECR や ICP のようないわゆる高密度プラズマが使

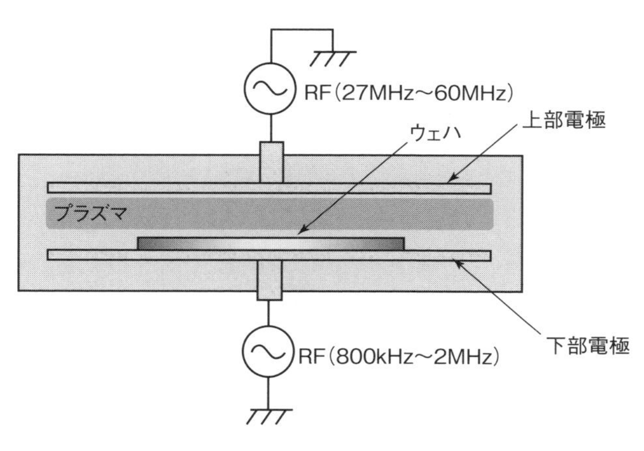

図4-3　CCP プラズマエッチャー

われるようになり，CCPプラズマエッチャーは現在ではSiO_2の加工に広く用いられている。SiO_2のエッチング装置としては，電極間隔を25～30mm程度に狭めたナローギャップ平行平板型と呼ばれる装置が使われている。動作圧力は当初は100～200 Pa近辺の比較的高圧領域が使われたが，加工精度を上げるため，しだいに低い圧力領域で使われるようになり，現在では1Pa付近まで低圧化されている。プラズマ密度は$10^{10}cm^{-3}$台である。RFは通常低周波と高周波の2周波が印加され，高周波は27MHz～60MHz，低周波は800kHz～2MHzが一般的である。高周波は主としてプラズマ生成に，低周波はイオンエネルギー制御に用いられる。ナローギャップ平行平板型エッチャーの代表例としてラムリサーチや東京エレクトロンの装置がある。**図4-4**にラムリサーチの2300 Exelanの装置断面図を示す[1)]。

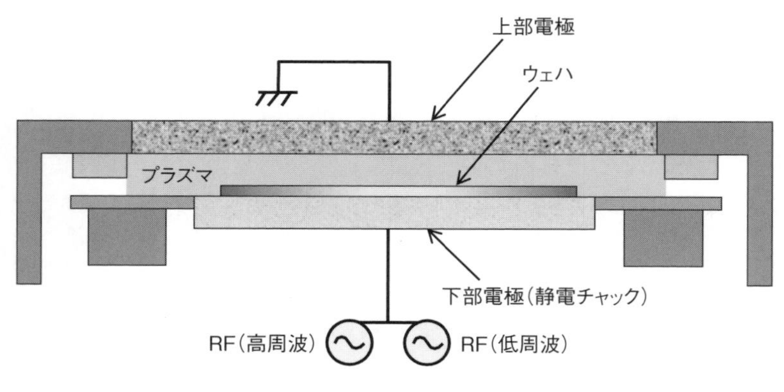

図4-4　ラムリサーチ 2300 Exelan[1)]

4.4 マグネトロンRIE

マグネトロンRIEは電界と磁界の相互作用で電子をサイクロイド運動させ，高密度プラズマを得る方式である。装置の構成は平行平板のRIEに永久磁石あるいは電磁コイルで形成した磁界を加えたものである。マグネトロン RIE の代表的な装置として東京エレクトロンの DRM（Dipole-Ring Magnet）がある。装置断面図を**図 4-5** に示す[2]。**図 4-6** はマグネトロン放電の原理を示すものである。シースの電界(E)に直交する方向，すなわち下部電極に平行な磁界(B)を与えると，電子は電磁界によるローレンツ力 $E \times B$ を受け，電界と磁界に直角な方向にサイクロイド曲線を描きながら移動する。これにより衝突確率が増えるため，高密度なプラズマが生成される。マグネトロン RIE の動作圧力領域は 1Pa 前後であり，プラズマ密度は $10^{10}\,\mathrm{cm}^{-3}$ 台である。

マグネトロン方式は低圧でも高密度のプラズマを生成できるのが特徴であるが，一つの RF 電源でプラズマの形成とイオンエネルギー制御を行うため，イオンエネルギーをプラズマ形成とは独立にコントロールで

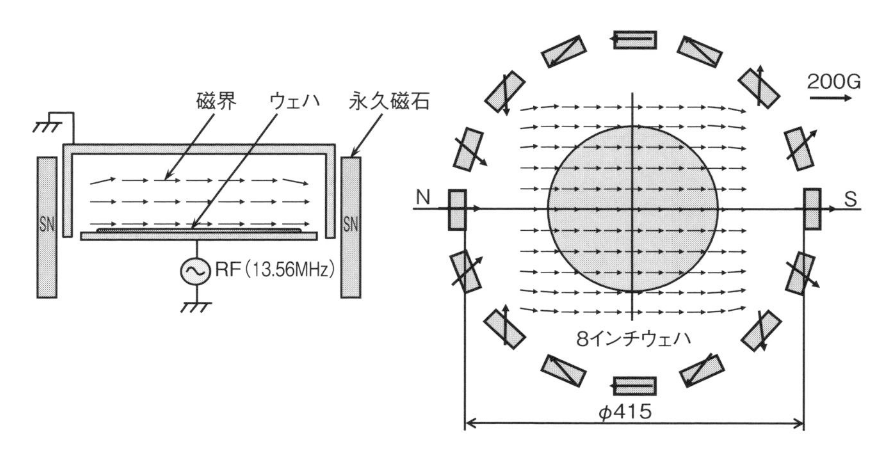

図4-5　DRM（Dipole-Ring Magnet）[2]

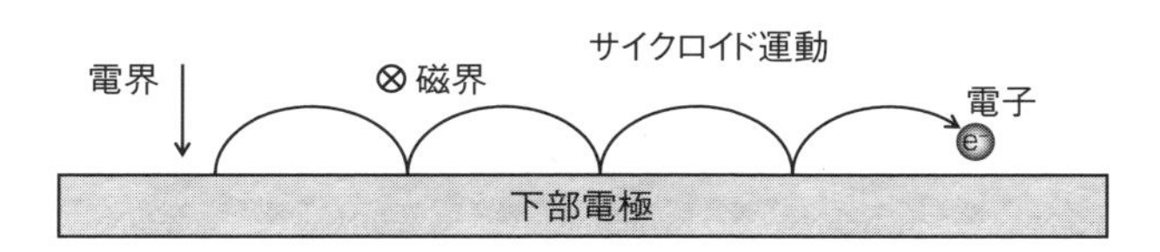

図4-6　マグネトロン放電の原理

きないこと，および，サイクロイド運動により電子が一方向に偏るため，均一なプラズマを形成するのがきわめて難しいという欠点を持っている。後者はエッチ速度の不均一性とチャージアップによるゲート酸化膜破壊という問題をもたらす[3]。エッチ速度に関しては磁石を走査したり回転したりして均一性を上げることが出来る。しかしチャージアップに関しては静止磁界でゲート酸化膜破壊するものは回転磁界にしても防ぐことは出来ない。マグネトロンRIEでも磁場を最適化することによりゲート酸化膜破壊を防止できることが報告されているが[4]，ウェハの大口径化が進めば進むほど均一なプラズマを得ることが難しくなり，しだいに適用工程が減ってきている。

4.5 ECRプラズマエッチャー

ECRプラズマエッチャーは低圧で高密度プラズマが得られ，かつプラズマ形成とは独立にイオンエネルギーを制御できるなど，微細加工に適した優れた特徴を持っており，日立が実用化した量産装置は，ゲート加工やAl配線用の枚葉式高密度プラズマエッチング装置として一世を風靡した。ECRはElectron Cyclotron Resonanceの略であり，電子サイクロトロン共鳴を意味する。

図4-7にECRプラズマエッチャーの処理室構成を[5]，また，**図4-8**にECRプラズマの生成原理をそれぞれ示す。マグネトロンから発せられた2.45 GHzのマイクロ波は導波管内を伝播し，石英ウィンドウを通してエッチングチャンバ内に導入される。チャンバの周囲には電磁コイルが設置されており，マイクロ波による電界とそれに対して垂直方向に形成された磁界により，電子はサイクロトロン運動を行なう。マイクロ波の周波数が2.45 GHzの場合，磁束密度を875 Gとすると電子サイクロトロン共鳴が起こり，衝突確率が増えるため，低圧力下でも高密度なプラズマを生成することができる。動作圧力は1 Pa前後でありこの圧力領域で10^{11} cm^{-3}以上の高密度プラズマが得られる。また下部電極に

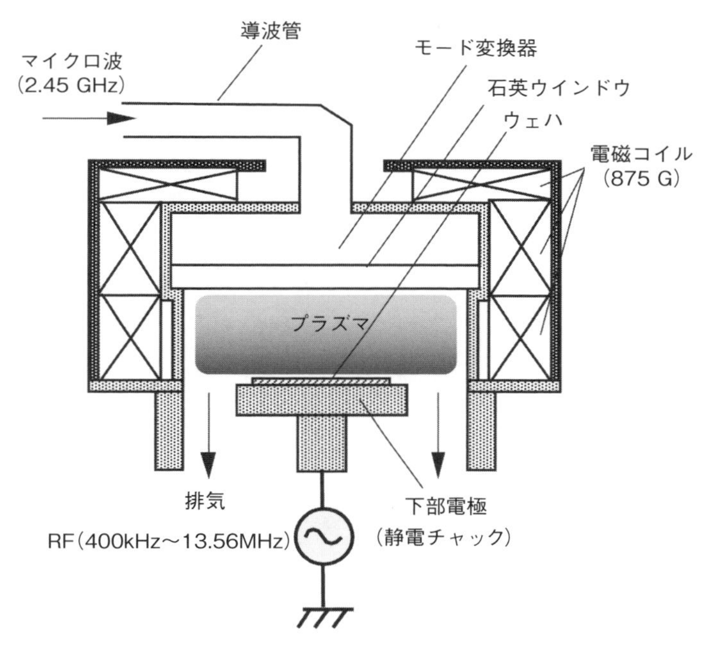

図4-7　ECR プラズマエッチャー[5)]

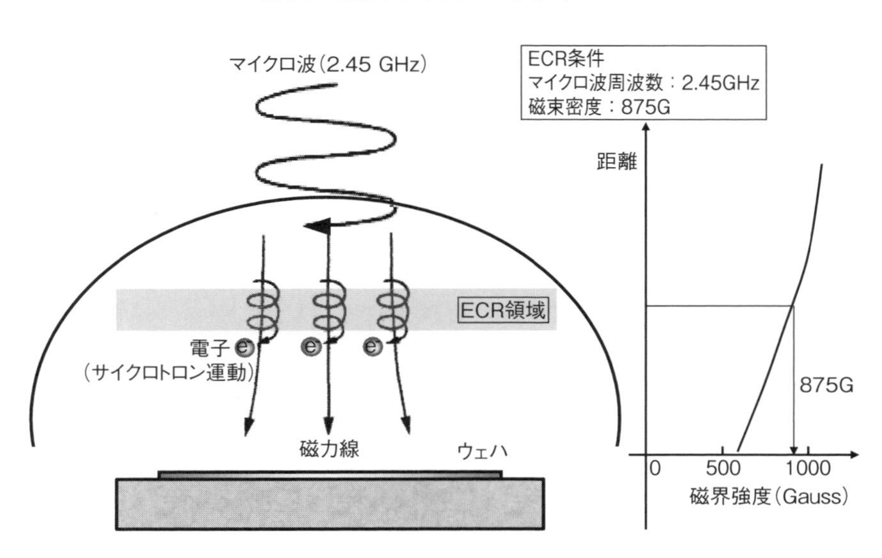

図4-8　ECR プラズマの生成原理

印加するRF電源により，プラズマ形成とは独立にイオンエネルギーを制御できるようになっているため，精密な形状制御が可能である。ただしECRプラズマは磁界を使うため，条件によってはチャージアップダメージを引き起こすことがある。これに対しては下部電極に印加するRFの周波数を下げることで対策できる[3]。詳細は次章で述べる。

日立はその後マイクロ波の代わりに周波数が約1/5のUHF帯を使い，磁界も約1/5にしたUHF-ECRを開発した[6]。磁界を小さくすることにより装置がコンパクトにでき，またチャージアップダメージのリスクを減らすことができるなどの特徴を有する。

4.6 ICPプラズマエッチャー

ICPはInductively Coupled Plasma（誘導結合型プラズマ）の略であり，この方式のドライエッチング装置として，ラムリサーチのTCPプラズマエッチャーや，アプライドマテリアルズのDPS（Decoupled Plasma Source）[8]がある。**図4-9**にTCPプラズマエッチャーの装置断面図を[7]，また**図4-10**にTCPプラズマの生成原理を示す。チャンバ上部の絶縁プレート（TCPウィンドウ）上には渦巻状の誘導コイル（TCPコイル）が設置されており，コイルには13.56 MHzのプラズマ生成用RF電源（ソースパワー）が接続されている。TCPコイルに高周波電流を流すと磁界が励起される。この磁界によりチャンバ内に電界が励起され，高密度プラズマが発生する。下部電極には13.56 MHzのイオンエネルギー制御用RF電源（ボトムパワー）が接続されており，プラズマ形成と独立にイオンエネルギーを制御することができる。動作圧力は1 Pa前後であり，この圧力領域で10^{11} cm^{-3}以上の高密度プラズマが得られる。

ICPプラズマエッチャーはECRプラズマエッチャーのような大きな電磁コイルがなくとも高密度プラズマが得られることから，現在，ゲート，Si（STIなど），Al配線などの導電性材料の加工で主流のエッチング装置になっている。

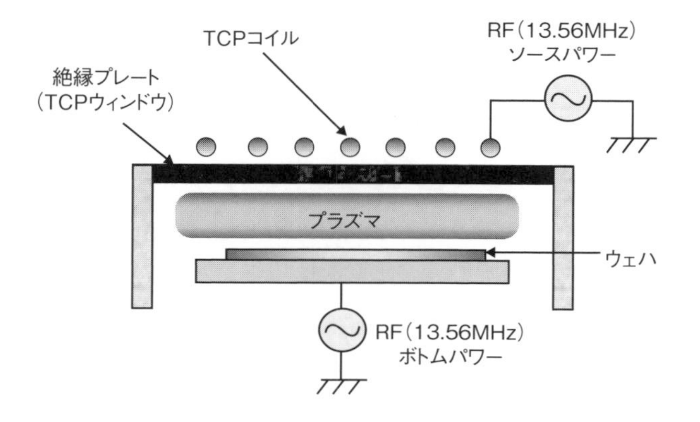

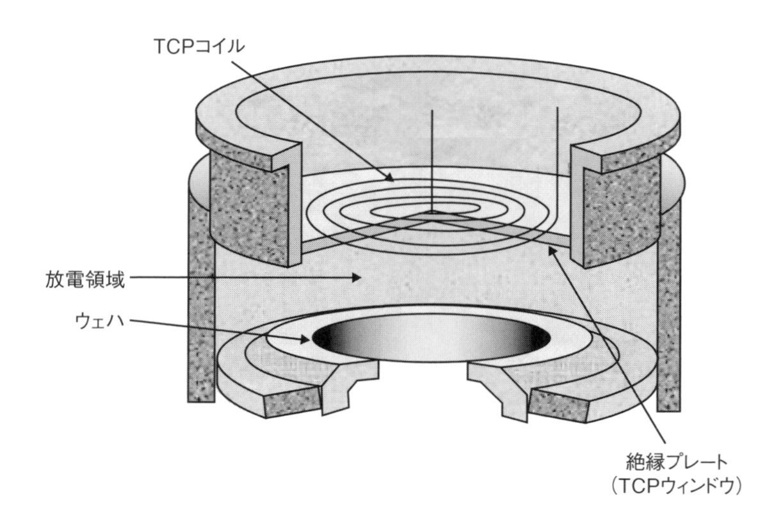

図4-9　TCPプラズマエッチャー[7)]

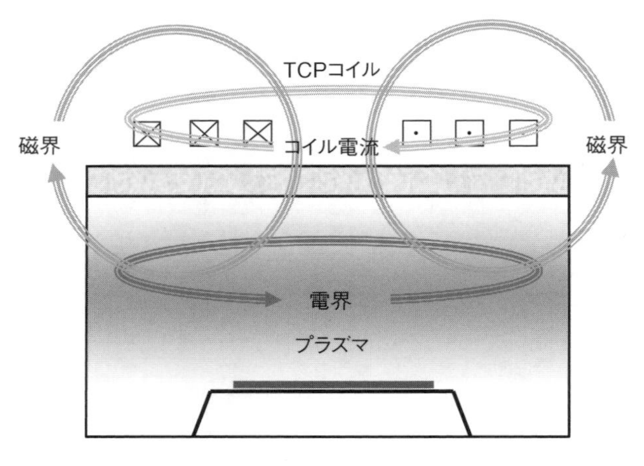

図4-10　TCP プラズマの生成原理

4.7 ドライエッチング装置の実例

ドライエッチング装置の実例として，ラムリサーチの2300シリーズの装置概観写真を**図4-11**に示す。この装置は300 mmおよび200 mmウェハ対応の最新の枚葉式ドライエッチング装置で，SiやAlのような導電性材料に用いるTCPプラズマソース，SiO_2のような絶縁膜材料のエッチングに用いるCCPプラズマソースのどちらに対しても共通のプラットフォームになっている。写真の右側が装置前面で，ここにウェハのロード・アンロード部がある。写真の左奥が処理室（エッチングチャンバ）である。現在，半導体の生産に使われているドライエッチング装置はスループットを稼ぐため，一つのプラットフォームに複数台のチャンバが搭載されたマルチチャンバ方式が一般的である。**図4-12**にマルチチャンバ部の写真を示す。この装置では最大4チャンバが搭載でき，4チャンバとも同じプラズマソースにすることはもちろんのこと，TCP

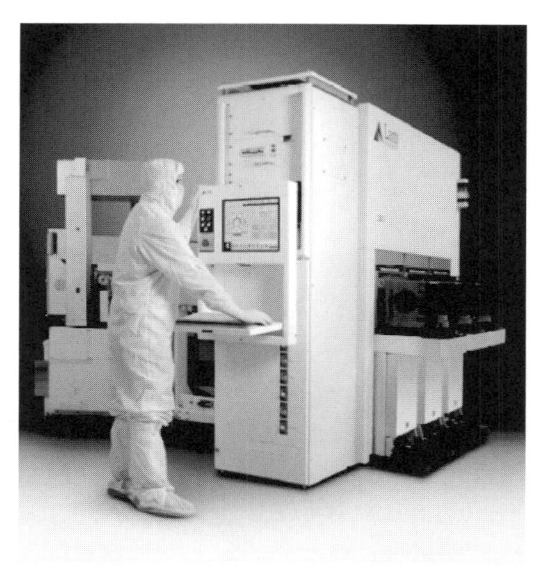

図4-11　エッチング装置の外観（ラムリサーチ 2300 シリーズ）

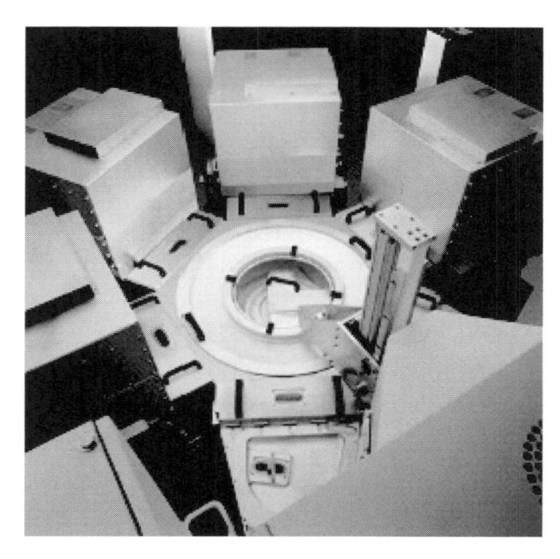

図4-12　マルチチャンバーシステム（ラムリサーチ 2300 シリーズ）

とアッシャー，あるいはTCPとCCPを同じプラットフォームに搭載することもできるようになっている。

4.8 静電チャック

最後にドライエッチング装置の中で重要な役割を果たしている静電チャックについて説明する。静電チャックの英語表記はElectro-Static Chuckであり，ESCと呼ばれる。現在のエッチング装置では，静電チャックを下部電極として用いるのが一般的になっている。

エッチングの進行に伴い，ウェハはプラズマで加熱され温度が上昇する。3章3.1節で述べたように，エッチング形状やCDは反応生成物のパターン側壁への再付着に大きく支配される。反応生成物の付着確率は温度に強く依存するため，高精度エッチングのためにはウェハの温度制御が必要となる。静電チャックは静電気の力を使ってウェハを密着させ，エッチング中のウェハの温度を一定に保つ役割をするものである。ウェハを電極に密着させる方法として，以前はメカニカルクランプが使われた。メカニカルクランプは，ウェハの周辺をクランプで機械的に押えることによりウェハを電極に密着させる。そのため，ウェハの中央部の密着が不十分となる，また，クランプが接する部分がエッチングされないなどの問題があった。静電チャックはこれらの問題を回避することが可能であり，今日ではウェハを密着させる方法として広く用いられている。

1 静電チャックの種類および吸着原理

静電チャックには構造上の分類として，単極(モノポーラ)型と双極(バイポーラ)型の2種類がある。**図4-13**に断面構造および吸着原理を示す。静電チャックの原理を一言で言うなら「ウェハと電極の間に，正と負の電荷の引き付け合う力（クーロン力）を働かせ，ウェハを電極に吸着させる」ということになる。単極型の場合，ウェハはプラズマから電荷をもらい吸着される。すなわちプラズマがないと吸着できない。一方，双

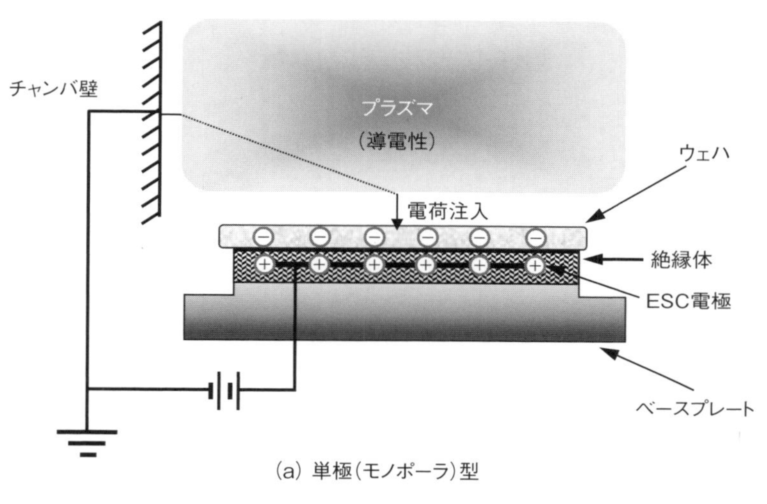

(a) 単極(モノポーラ)型

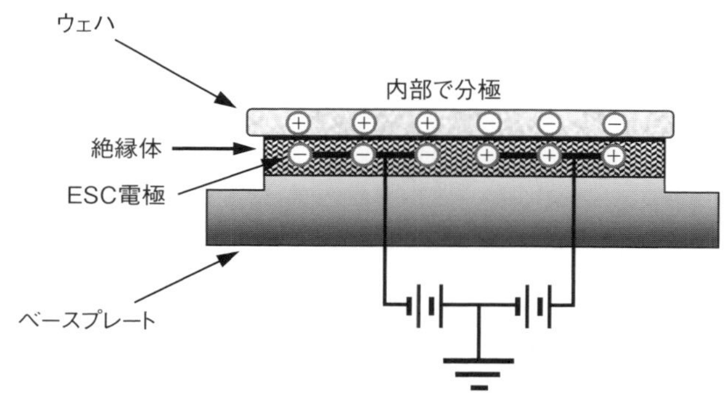

(b) 双極(バイポーラ)型

図4-13　静電チャックの種類

極型の場合，ウェハは内部で分極し吸着されるため，プラズマなしで吸着できる。

さらに，静電チャックは材料の導電性の違いにより，クーロン力型静電チャックと，ジョンセンラーベック型静電チャックの2方式に分類される。各々の断面図を**図 4-14**(a)，および図 4-14(b)にそれぞれ示す。クーロン力型静電チャックはウェハとESC電極が非導電性の絶縁

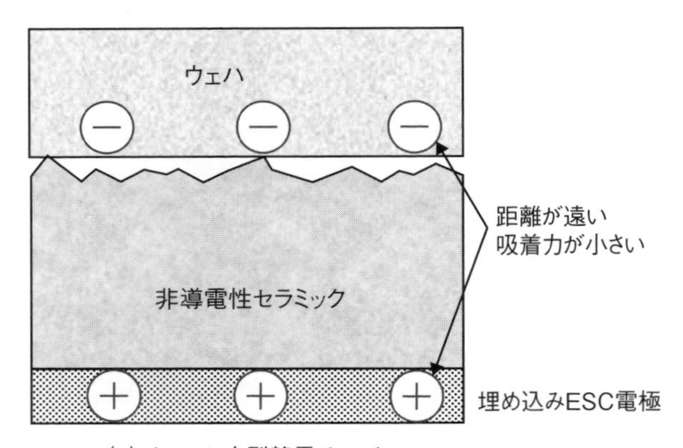

(a) クーロン力型静電チャック

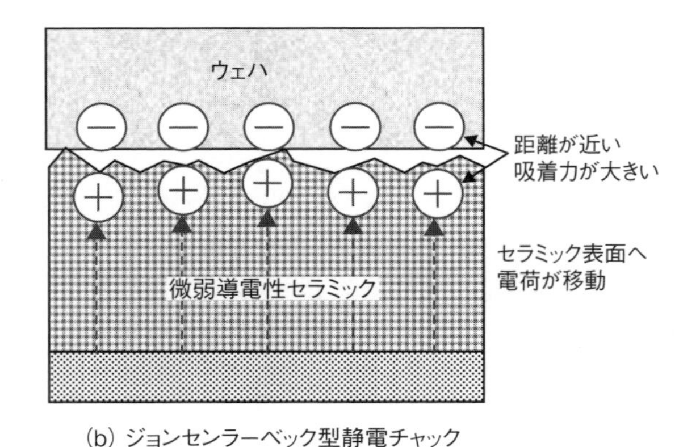

(b) ジョンセンラーベック型静電チャック

図4-14　静電チャックの種類（吸着原理で分類）

体（抵抗率 >10^{15} Ω･cm）で隔たれており，電荷の移動はない。絶縁体としてはアルミナセラミック，ポリイミドなどが使われる。ESC 電極に 3,000 V 程度の高電圧を印加すると，ウェハ裏面に逆極性の電荷が誘起され，この電荷間に働くクーロン力によりウェハが吸着される。クーロン力型静電チャックは電荷の移動がないので，吸着・脱離の応答性が良い。しかしながら，吸着力が小さいので，吸着に高電圧が必要である。また，抵抗率の温度依存性がない。

ジョンセンラーベック型静電チャックはウェハとESC電極の間に，ある程度の電気導電性を持った材料（抵抗率 >$10^{9\sim12}$ Ω·cm）を挿入する。材料としてはアルミナセラミックにチタニア（TiO_2）などの不純物をドープしたものが用いられる。ESC電極に電圧を印加すると，電荷がセラミック中を移動し表面近傍に集まるため正負電荷間の距離が近く，吸着力が大きいという特徴がある。一方で電荷移動に時間を要するため，吸着・脱離の応答性がクーロン力型静電チャックに比べると悪い。また，抵抗率の温度依存性がある。

図 4-15 に双極・ジョンセンラーベック型静電チャックの場合の電圧印加シーケンスの例を示す。実線は正電極へ，破線は負電極への印加電圧をそれぞれ示す。各々の電極に1,000 V程度の電圧を印加することによりセラミック表面へ電荷が移動し，ウェハ裏面に逆の極性の電荷が誘起される。この正負の電荷がお互いに引き付け合うことによりウェハが吸着される。エッチングプロセス中は300 V程度の電圧でウェハは吸着保持される。ウェハの脱離は，1,000 V程度の逆電圧を印加し，電荷を

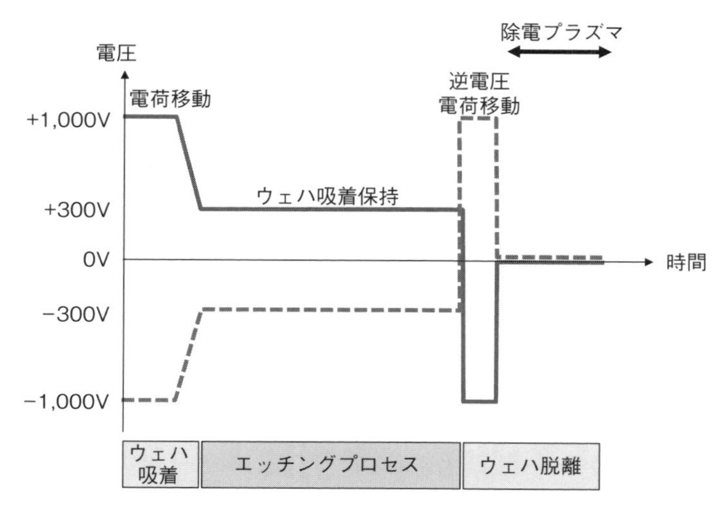

図4-15　電圧印加シーケンス（双極・ジョンセンラーベック型静電チャックの例）

セラミック表面からなくすことにより行われる。通常は脱離シーケンスにおいて，残留電荷を取り除くため除電プラズマを使う。

2 ウェハ温度制御の原理

ウェハの温度制御は，温度制御した下部電極（静電チャック）と，ウェハの裏面を熱的に接触させることにより，間接的に行われる。**図 4-16** に原理を示す。チラーから冷媒を循環させることにより，静電チャックはある一定温度に保たれている。静電チャックからウェハへの熱の移動は，物理的接触だけでは不十分なので，ウェハと静電チャックの間に He ガスを満たし熱伝導を助けている。He は空気やエッチングガスより軽く，分子運動の速度が速いためウェハと下部電極の間を行き来し

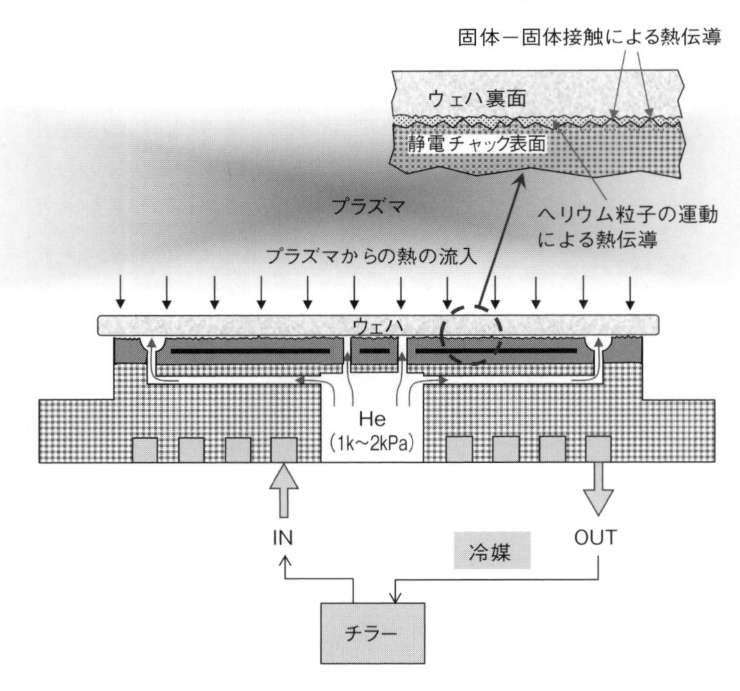

図4-16　ウェハ温度制御の原理

て熱エネルギーを運ぶ。Heの熱伝導率は空気やエッチングガスの約6倍あるため効率良く温度を伝達できる。

エッチング形状とCDは，反応生成物のパターン側壁への再付着に大きく支配される。反応生成物の付着確率は温度に強く依存する。したがって，CD，エッチング形状のウェハ面内均一性を良くするためには，ウェハ面内の温度分布の制御が重要である。そのため最近では，3章の3.1❷で述べたような，ウェハ面内の温度分布を制御できる機能を有する静電チャックが開発されている[9),10)]。

〔参 考 文 献〕

1）野尻一男：Electronic Journal 90th Technical Symposium, p.89（2004）.

2）M. Sekine, M. Narita, S. Shimonishi, I. Sakai, K. Tomioka, K. Horioka, Y. Yoshida & H. Okano：Proc. Symp. Dry Process, p.17（1993）.

3）K. Nojiri & K. Tsunokuni：J. Vac Sic. Technol. B **11**, 1819（1993）.

4）S. Nakagawa, T. Sasaki & M. Mori：Proc. Symp. Dry Process, p.23（1993）.

5）K. Nojiri, N. Mise, M. Yoshigai, Y. Nishimori, H. Kawasaki, T. Umezawa, T. Tokunaga & T. Usui：Proc. Symp. Dry Process, p.93（1999）.

6）N. Negishi, M. Izawa, K. Yokogawa, Y. Morimoto, T. Yoshida, K. Nakamura, H. Kawahara, M. Kojima, K. Tsujimoto & S. Tachi：Proc. Symp. Dry Process, p.31（2000）.

7）J. B. Carter, J. P. Holland, E. Pelzer, B. Richardson, E. Bogle, H. T. Nguyen, Y. Melaku, D. Gates & M. Ben-Dor：J. Vac Sic. Technol. A **11**, 1301（1993）.

8）深町輝昭：Electronic Journal 24th Technical Symposium, p.81（1999）.

9）C. Lee, Y. Yamaguchi, F. Lin, K. Aoyama, Y. Miyamoto & V. Vahedi：Proc. Symp. Dry Process, p.111（2003）.

10）S. Hwang and K. Kanarik：Solid State Technol., p.16, July（2016）.

5章

ドライエッチングダメージ

ドライエッチング技術はLSI製造工程におけるキーテクノロジーであり，LSIの高集積化は本技術の進展なくしてはありえなかったといっても過言ではない。しかしプロセスにプラズマが使用されるがゆえにデバイスは高エネルギー粒子や荷電粒子により種々のダメージを受け，ダメージが大きい場合にはLSIの歩留りや信頼性が低下する。

ドライエッチングで導入されるダメージには，**図5-1**に示すように，(1) Si表層部へのイオン衝撃による結晶欠陥の形成や不純物の侵入，(2) 荷電粒子によるチャージアップ，(3) 高エネルギーフォトンによる中性

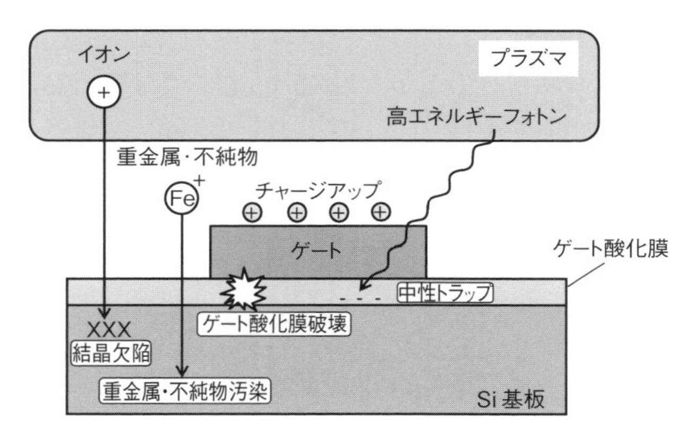

図5-1　ドライエッチングによって生じる各種のダメージ

トラップの形成，などがある。デバイスの微細化が進むにつれ深刻化しつつあるのが，Si表層部に導入されるダメージよるDRAMの電荷保持特性の劣化，コンタクト抵抗の増大，およびチャージアップによるゲート酸化膜破壊である。本章では特にデバイスに深刻な影響を及ぼしつつあるこれらのダメージについてその現象を整理し，成因，低減策について解説する。また，これらのダメージがデバイス特性に及ぼす影響について述べる。

5.1 Si表層部に導入されるダメージ

ドライエッチングでは，チャンバや電極からスパッタあるいは化学反応でプラズマ中に放出された重金属などの不純物やエッチングガスの構成粒子そのものがイオンの形でSi基板に打ち込まれる。フロロカーボン系のガスを用いたSiO_2エッチングの場合，C，Fは表面からほぼ10 nm以内の領域に留まっているが[1)]，Hは比較的深くまで侵入する。CF_4+H_2を用いたRIEでHが50 nmの深さまで存在していることが報告されている[2)]。**図5–2**にナローギャップ平行平板型エッチャーによりダメージを受けたSi表層部を，高分解能透過型電子顕微鏡を用いて解析した結果を示す[3)]。エッチング時のV_{pp}（高周波のpeak-to-peak電圧）は2.5 kVである。表面から約2.5 nmの深さまでは結晶が乱れた層がある。また結晶欠陥は50 nmの深さまで存在していることが分かる。分布の深さから見て，この結晶欠陥はSi結晶中に侵入した水素と関係があると考えられる。このサンプルの表面をAFM（Atomic Force Microscopy）で観察した結果を**図5–3**に示す[3)]。プラズマ処理していないサンプルの表面の凹凸が0.5 nm程度であるのに対して，プラズマ処理したサンプルの表面には2.5 nmの凹凸が形成されている。

重金属汚染や結晶欠陥はDRAMの電荷保持特性の劣化，接合リーク電流の増加などの不良を引き起こす。これらは主として重金属汚染によりSi基板中にGRセンター（Generation Recombination Center）が形

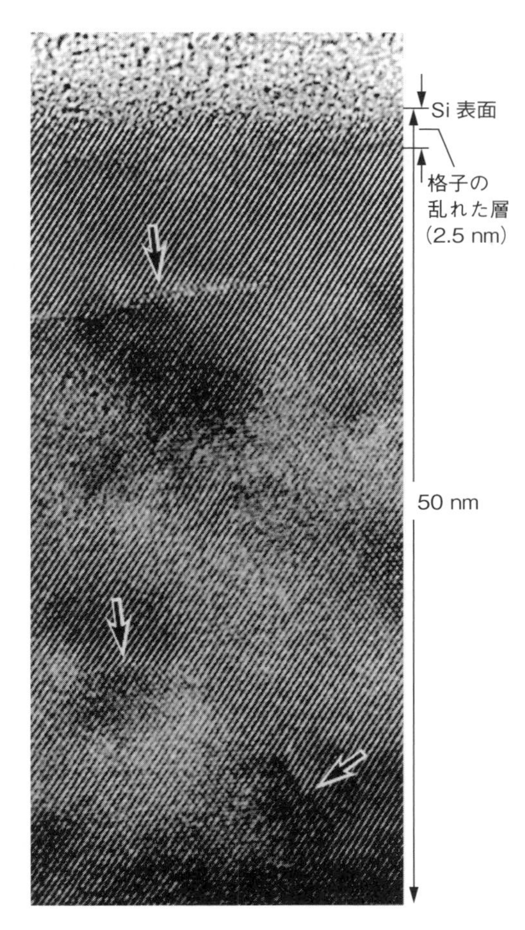

図5-2　プラズマダメージを受けたSi結晶表層部の高分解能透過型電子顕微鏡写真。矢印は結晶欠陥を示す[3)]

成されるために引き起こされるものである。対策としてはまず，チャンバ内の重金属汚染源を取り除くことが重要である。すなわち，チャンバ内のプラズマに接する部分にステンレスなどの重金属汚染源となる材料を用いないことは当然のこと，石英やAlを用いる場合でも高純度の材料を用いる必要がある。次にイオンエネルギーを低減させることが対策

水平方向スケール：0.2 μm/div
垂直方向スケール：3.0 nm/div

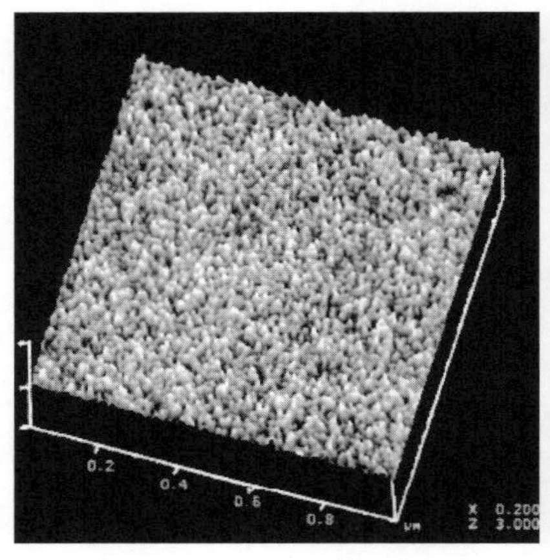

(a) プラズマ処理をしていない
Si結晶表面

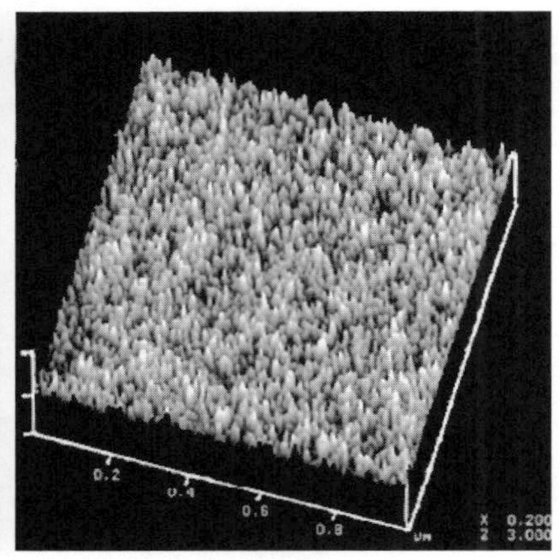

(b) プラズマダメージを受けた
Si結晶表面

図5-3　プラズマ処理有無のSi結晶表面のAFM像[3)]

として有効である。**図5-4**はECRプラズマによるSiO_2エッチングにおいて，少数キャリアのライフタイムを最大イオン加速電圧（V_{max}）の関数として示したものである[4)]。図からV_{max}を300V以下に設定すればライフタイムの低下はほとんどないことが分かる。

デバイスの微細化が進むにつれ顕在化しつつあるのがコンタクト抵抗増大の問題である。抵抗増大の要因としてかつてはHの影響が論じられたが，最近では表面近傍に形成されるSi-C層[5),6)]やSi-O層[7)]がその主要因と考えられている。**図5-5**はナローギャップ平行平板型エッチャーでSiO_2エッチングを行ったときの，コンタクト抵抗のV_{pp}依存性を示すものである[5)]。V_{pp}が2kVを超えると急激にコンタクト抵抗が増大することが分かる。このときSi-Cからなる酸化抑制層の厚さの増加が観察されており，これがコンタクト抵抗増大の原因であると考えられている。対策としてはイオンエネルギーの低減が有効であり，例として低イオンエネルギーでエッチング可能なECRプラズマによりSi-C層の形

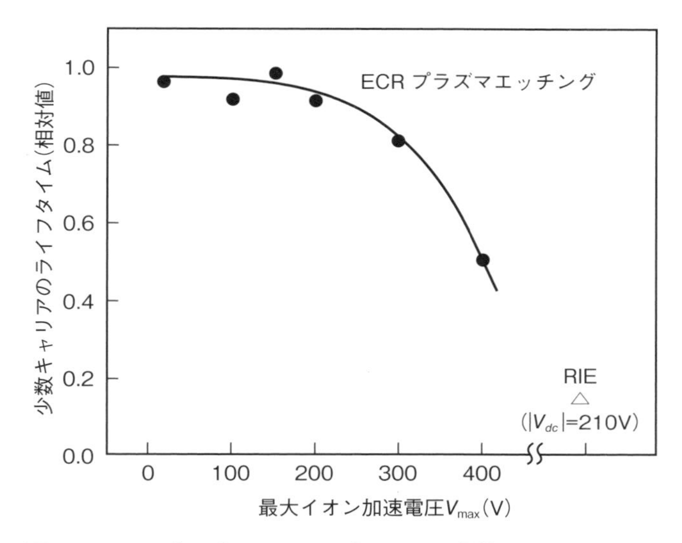

図5-4　ECR プラズマエッチングにおける少数キャリアライフタイムと最大イオン加速電圧（V_{max}）との関係[4)]

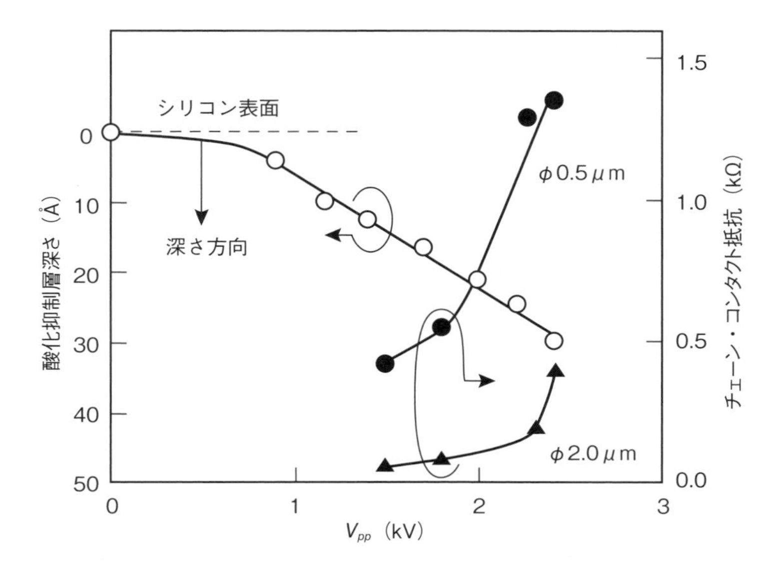

図5-5　コンタクト抵抗と酸化抑制層深さの V_{pp} 依存性[5)]

成が抑制できることが報告されている[6)]。

Si表層部に導入されるこれらのダメージ層はたとえばO_2 + CF_4のダウンフロー型エッチャーで除去することができる。しかし拡散層のシャロー化に伴い表面層を削る余裕がなくなってきていることから，エッチング時にダメージ層を極力浅くとどめることが根本対策となる。そのためにはSi基板が露出する直前でイオンエネルギーを下げるなどの策が必要である。

5.2 チャージアップダメージ

ゲート酸化膜の薄膜化が進むにつれチャージアップによるゲート酸化膜破壊は深刻な問題となってきている。**図5-6**はバレル型アッシャーで負のチャージアップが起こっているときのゲート酸化膜破壊率をゲート

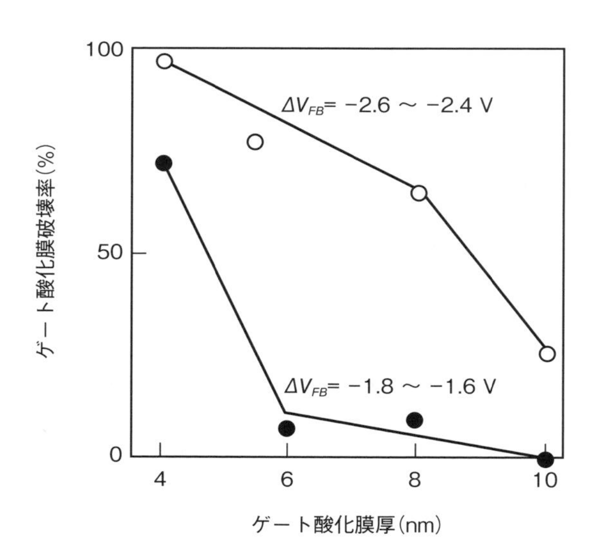

図5-6　バレル型アッシャーおけるゲート酸化膜破壊率のゲート酸化膜厚依存性[8)]

酸化膜厚の関数で示したものである[8)]。パラメータである ΔV_{FB} は後に示す MNOS（Metal Nitride Oxide Silicon）キャパシタのフラットバンド電圧シフトであり，チャージアップ量に相当する。図からゲート酸化膜厚が薄くなるにつれ破壊率が増すことが分かる。$\Delta V_{FB}=-2.6\sim-2.4$ V の時，酸化膜厚 4 nm のゲートは 90％以上破壊している。ドライエッチングプロセスを開発するにあたってはこのチャージアップをモニターし，ゲート酸化膜破壊が起こらないよう条件設定したり，装置やプロセスの改良を行う必要がある。

❶ チャージアップダメージの評価方法

プラズマ処理によって発生するチャージアップは MNOS キャパシタを用いてモニターすることができる[9)]。**図 5-7**(a)に MNOS キャパシタの構造を示す[10)]。この MNOS キャパシタをプラズマに晒すとゲート電極がチャージアップし，その極性に応じて基板から電子またはホールが注入され Si_3N_4 と SiO_2 の界面にトラップされる。その結果 MNOS キャパシタのフラットバンド電圧 V_{FB} がシフトするので，図 5-7(b)に示すように，*C-V* カーブを測定し V_{FB} のシフト量 ΔV_{FB} を調べることにより，チャージアップ量とその極性を定量的に知ることができる。図 5-7 の例に示すように，ゲートが正にチャージアップした場合，ΔV_{FB} は正にな

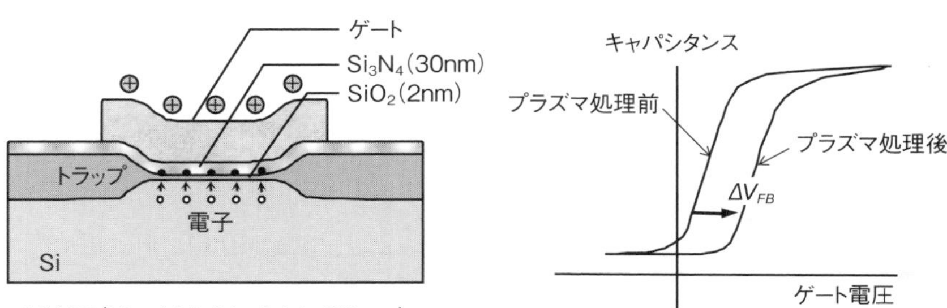

(a) MNOSキャパシタ構造　　(b) *C-V* カーブ

図5-7　MNOS キャパシタの構造とチャージアップの評価方法[10)]

$$\text{アンテナ比}\ r = \frac{\text{アンテナ面積}\ (S_a)}{\text{ゲート面積}\ (S_g)}$$

アンテナ比r ：10,000
ゲート面積S_g ：18 μm^2
ゲートSiO_2膜厚：9～10nm

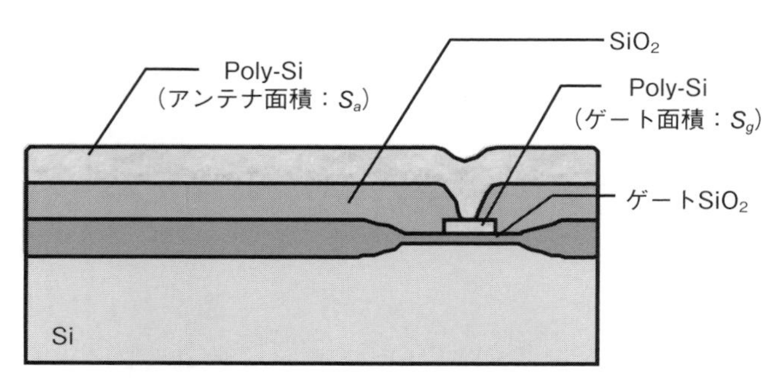

図5-8　アンテナ MOS キャパシタの構造[10)]

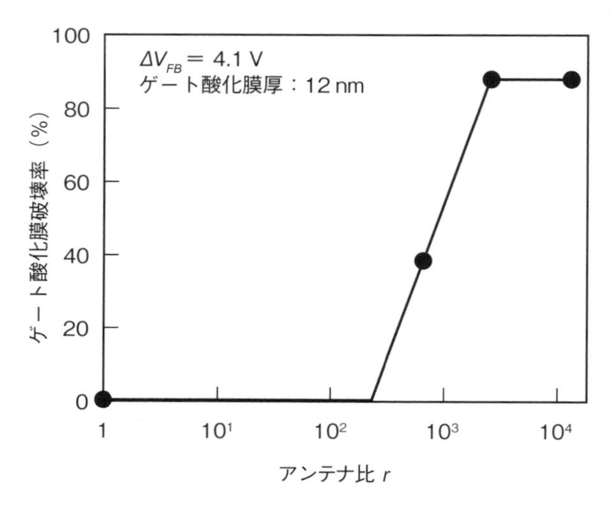

図5-9　バレル型アッシャーにおけるゲート酸化膜破壊率のアンテナ比依存性[10)]

る。ここで注意しなくてはいけないことは，MNOSキャパシタで測定される電位および極性は，あくまでもSi基板に対する相対的な値を示すものだということである。これについては次項の電位分布モデル（図5–10）で説明する。

ゲート酸化膜破壊の評価には，一般的に**図5–8**に示すアンテナMOSキャパシタが用いられる[10)]。これはチャージを集める効果のあるアンテナ（Poly-Si）をゲートに接続した構造となっており，このアンテナにより測定の感度を上げることができる。ここで，アンテナ比rは$r=$アンテナ面積(S_a)／ゲート面積(S_g)で定義される。**図5–9**にゲート酸化膜破壊率のアンテナ比依存性を示す[10)]。アンテナ比が1の時にゲート酸化膜破壊が起こらなくても，アンテナ比を増すとゲート酸化膜破壊が起こるようになることが分かる。ゲート酸化膜破壊はアンテナ比が300を超えた所から起こっている。

2 チャージアップの発生メカニズム

ウェハ表面に流れ込む高周波電流の分布がウェハ面内で不均一な場合にチャージアップが生ずる[10)]。たとえば，ウェハに流れ込む高周波電流がウェハ中央より周辺で大きい場合，ウェハ周辺部でのセルフバイアス（V_{dc}）は中央部のそれに比べて大きくなるため，ゲート電位（V_g）は**図5–10**に示すように，ウェハ面内で不均一な分布を持つ。一方，Si基板は一定の電位（V_s）であるため，ゲート電極とSi基板との間に電位差を生じる。この電位差（$V_g - V_s$）がMNOSキャパシタでΔV_{FB}としてモニターされるチャージアップに対応するものである[10)]。図5–10に示す電位分布モデルではウェハ中央が正のチャージアップ，周辺が負のチャージアップとなる。この図から，MNOSキャパシタで測定される電位および極性は，あくまでもSi基板に対する相対的な値を示すものだということが理解できたことと思う。チャージアップの発生メカニズムをまとめて**図5–11**に示す。高周波電流分布の不均一性を引き起こす要因は色々ある。プラズマ密度の不均一性のほか，ウェハに対する電界や磁界の向き，分布などである。磁界に関していえば，磁界に垂直な

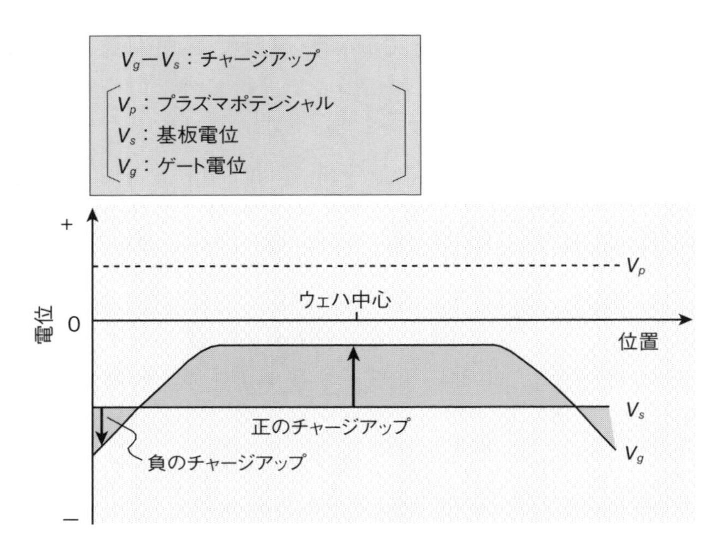

図5-10　チャージアップ発生時の電位分布[10)]

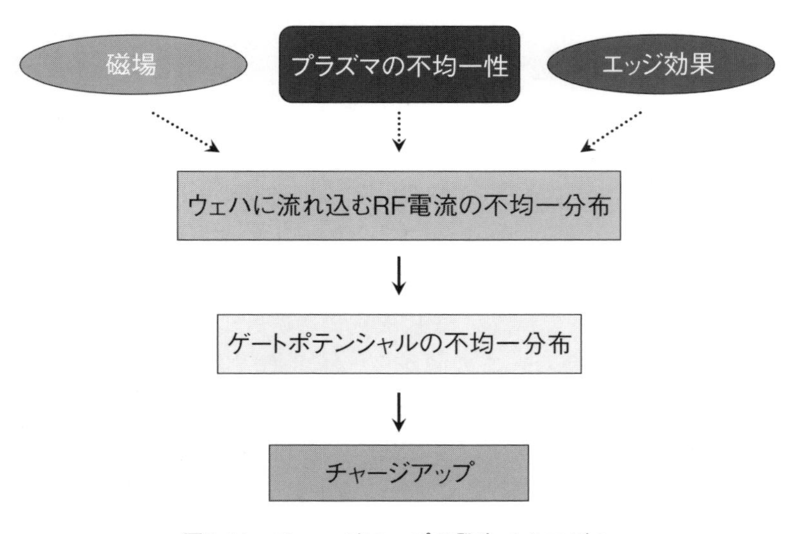

図5-11　チャージアップの発生メカニズム

方向には電子が流れにくいことが要因となる。以下代表的なエッチング装置のチャージアップ評価結果とその低減法について述べる。なお，チャージアップ量およびその極性の評価には図 5-7 の MNOS キャパシタを，ゲート酸化膜破壊の評価には図 5-8 のアンテナ MOS キャパシタを用いた。アンテナ比，ゲート面積，ゲート酸化膜厚の値は図 5-8 中に示したとおりである。

3 各種エッチング装置のチャージアップ評価とその低減法

(1) マグネトロン RIE

マグネトロン RIE では直交する電界と磁界による電子ドリフトによりプラズマ密度の偏りを生じやすいので，ゲート酸化膜破壊の観点からは不利である。**図 5-12** にアノード側に永久磁石を配置した酸化膜用マグネトロン RIE の装置断面図を，また**図 5-13** に本装置で磁石の回転を止めた状態での MNOS キャパシタで測定した ΔV_{FB} およびアンテナ MOS キャパシタで測定したゲート耐圧のウェハ面内分布を示す[10)]。磁石のない場合は ΔV_{FB} は +1V 以下であり，すべてのアンテナ MOS キャパシタはイントリンシックなゲート耐圧を示している。すなわち，プラズマ処理中にゲート酸化膜破壊は起こっていない。一方，磁石を設置し

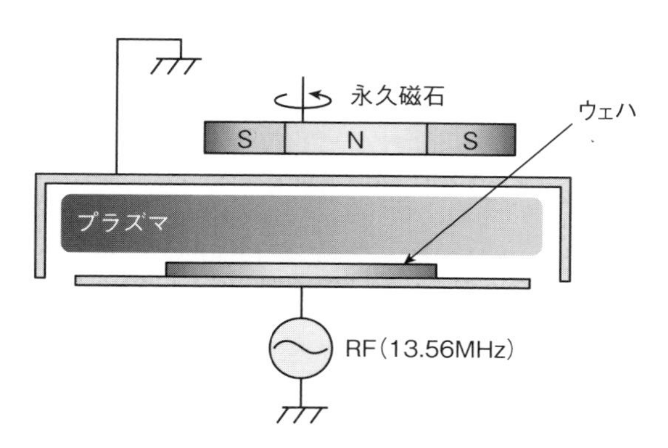

図5-12　マグネトロン RIE の装置断面図[10)]

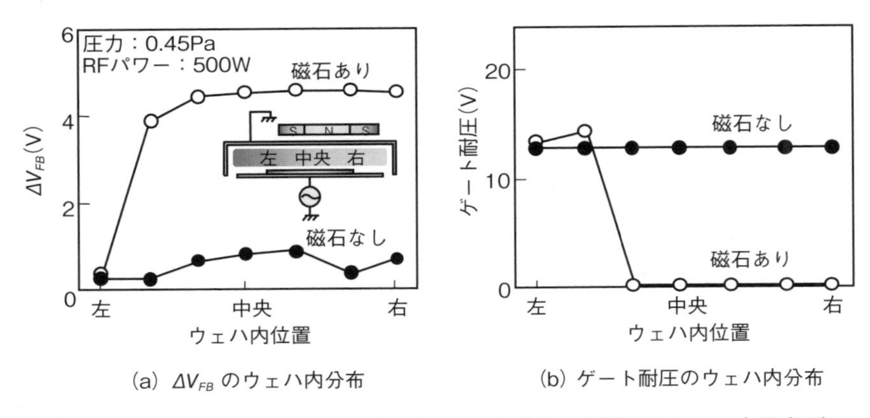

(a) ΔV_{FB} のウェハ内分布　　(b) ゲート耐圧のウェハ内分布

図5-13　マグネトロン RIE における ΔV_{FB} およびゲート耐圧のウェハ内分布[10)]

た場合はウェハの左端を除いた領域で $\Delta V_{FB}=+4.5$V に相当する正のチャージアップが生じており，この領域でゲート酸化膜破壊が生じている。マグネトロンタイプ RIE でも，磁場を湾曲させることによりプラズマ密度の偏りを少なくすれば，チャージアップを低減できることが報告されているが[11)]，ウェハの大口径化が進むにつれ均一なプラズマを得ることが難しくなるため，ゲート酸化膜破壊に対してはマージンの少ないエッチャーであると言える。

(2) 平行平板型プラズマエッチャー

これに対して CCP タイプの平行平板型のプラズマエッチャーでは，ウェハの径方向に均一なプラズマを形成することが容易であり，チャージアップを低く抑えることができる。**図 5-14** に酸化膜エッチング用の平行平板型プラズマエッチャーの装置断面図を，**図 5-15** に ΔV_{FB} およびゲート耐圧のウェハ面内分布を示す[12)]。図 5-15(a)に示すように，ゲート電極は負にチャージアップするが，その値は ΔV_{FB} にして $-0.3\sim-1$V 程度と小さい。また，図 5-15(b)に示すように，すべてのアンテナ MOS キャパシタはイントリンシックなゲート耐圧を示している。すなわち，プラズマ処理中にゲート酸化膜破壊は起こっていない。

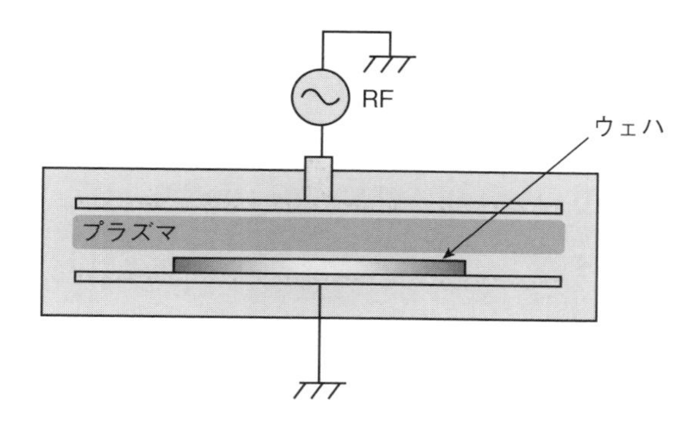

図5-14　平行平板型プラズマエッチャーの装置断面図[12)]

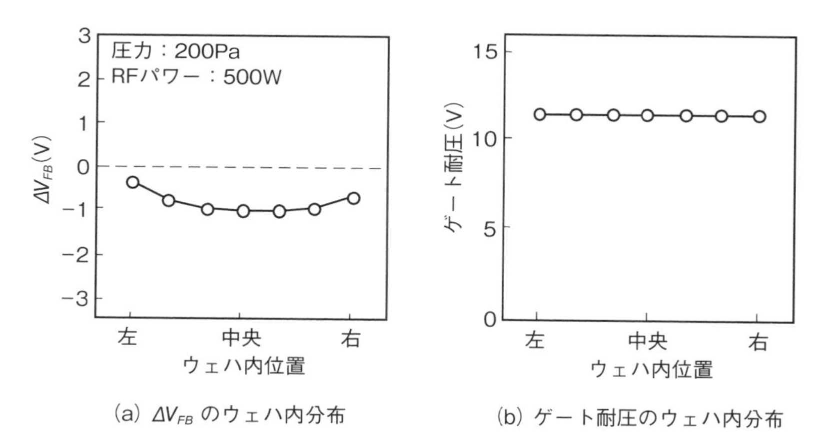

(a) ΔV_{FB} のウェハ内分布　(b) ゲート耐圧のウェハ内分布

図5-15　平行平板型プラズマエッチャーにおけるΔV_{FB}およびゲート耐圧のウェハ内分布[12)]

(3) ECR プラズマエッチャー

ECR プラズマエッチャーでは均一なプラズマを形成するだけではチャージアップを防ぐには不十分である。**図 5-16** に ECR プラズマエッチャーの装置断面図を，**図 5-17** にこのエッチャーで処理した MNOS キャパシターの ΔV_{FB} のウェハ面内分布を示す[10)]。ウェハステージに RF パ

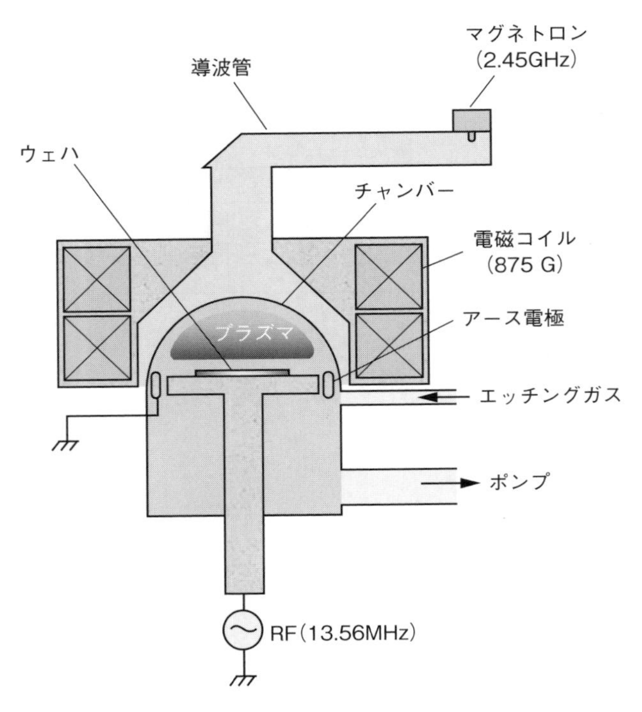

図5-16　ECRプラズマエッチャーの装置断面図[10)]

ワーを印加しない時はΔV_{FB}はゼロ，すなわちチャージアップは生じていない。これは均一なプラズマが形成されていることを示している。しかし13.56 MHzのRFパワーを印加すると，ウェハ中央で正のチャージアップを生じる。アース電極からウェハに流れる電子電流に対し，磁界がこれを流れにくくする方向に働くため，ウェハ表面に流れ込む電子電流はウェハ中央に向かうにつれ減少する。したがってV_{dc}はウェハ周辺で大きく，ウェハ中央で小さい。これによりV_gがウェハ面内で不均一になり，チャージアップが発生すると考える[10)]。

筆者らはRF電源の周波数を低くすることでECRプラズマエッチャーのチャージアップを低減できることを見出した[10)]。結果を**図5-18**に示す[10)]。RF周波数が低くなるにつれゲート酸化膜破壊率が減少し，

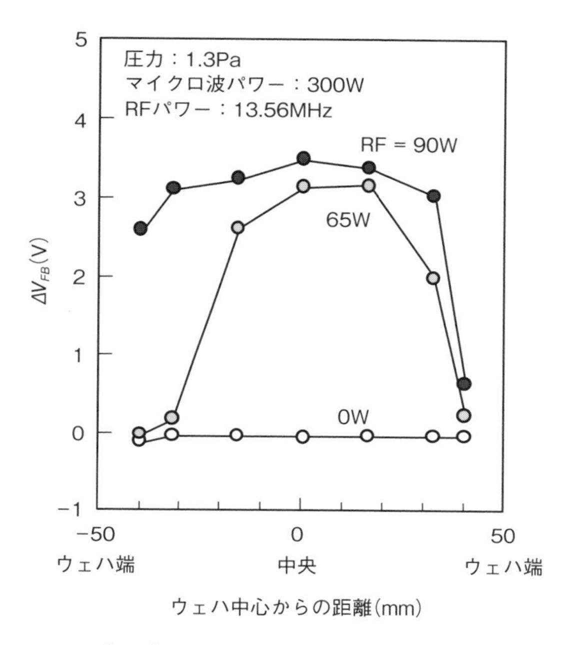

図5-17　ECR プラズマエッチャーにおけるΔV_{FB} のウェハ内分布[10)]

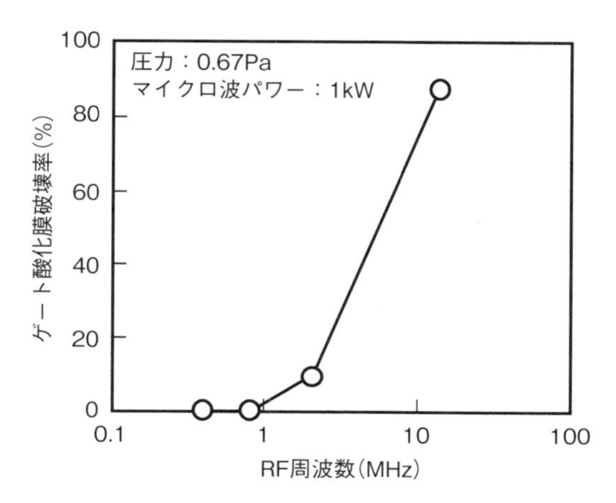

図5-18　ECR プラズマエッチャーにおけるゲート酸化膜破壊率の
RF 周波数依存性[10)]

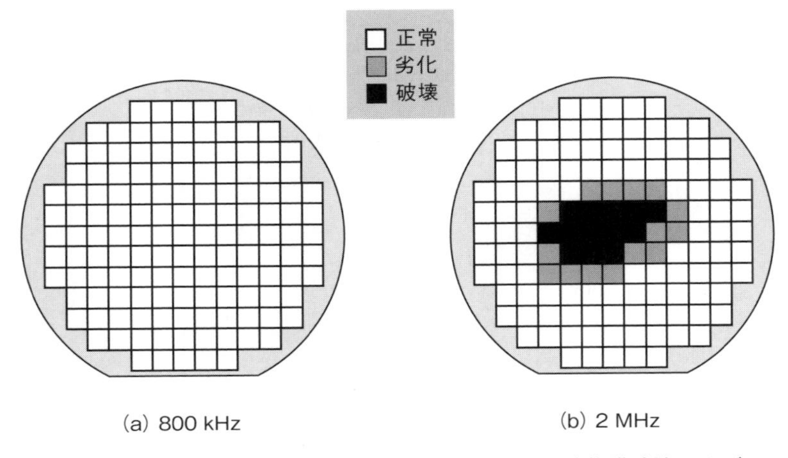

図5-19　ECR プラズマエッチャーにおけるゲート酸化膜破壊および劣化チップのウェハ面内分布[3)]

800 kHz 以下でゲート酸化膜破壊は起こらなくなることが分かる。これは低周波ではイオンシース部のインピーダンスが大きくなり，磁界による抵抗が無視できるようになった結果，ウェハ表面に流れ込む高周波電流の分布が均一化され，チャージアップが低減されたためと考られる。**図 5-19** は RF 周波数が 800 kHz および 2 MHz のときの，200 mm ウェハでのゲート酸化膜破壊および劣化チップのウェハ面内分布を示すものである[3)]。2 MHz ではウェハ中央でゲート酸化膜が破壊しており，その周りにゲート酸化膜が劣化した領域がある。一方，800 kHz ではウェハ全面に渡ってゲート酸化膜破壊も劣化もまったく起こっていないことが分かる。

(4) 誘導結合型プラズマエッチャー

図 5-20 に TCP プラズマエッチャーの装置断面図を，**図 5-21** にゲート酸化膜破壊率のボトムパワー依存性を示す[13)]。プラズマ形成用電源（ソースパワー），イオンエネルギー制御用電源（ボトムパワー）とも RF

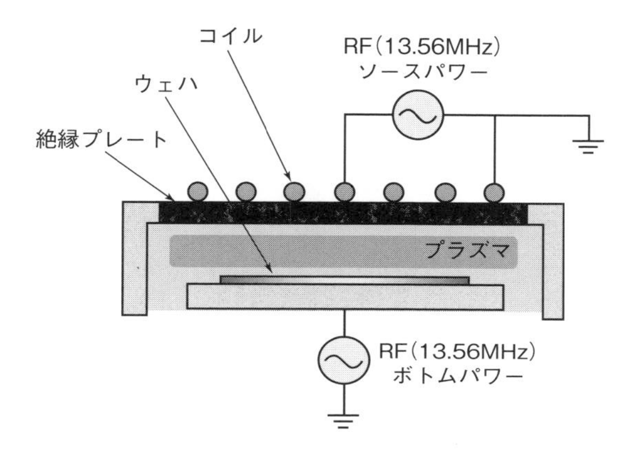

図5-20　TCP プラズマエッチャーの装置断面図 13)

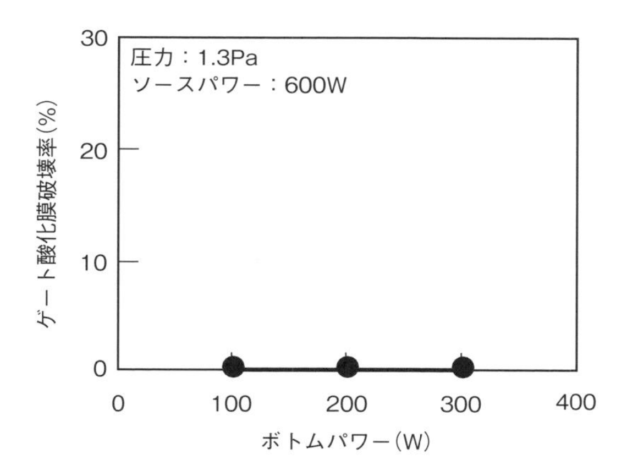

図5-21　TCP プラズマエッチャーにおけるゲート酸化膜破壊率のボトムパワー依存性 13)

周波数は 13.56 MHz である。図 5-21 から，ボトムパワーを 300 W まで上げてもゲート酸化膜破壊は起こっていないことが分かる。**図 5-22** はボトムパワー 300 W の場合の，200 mm ウェハでのゲート酸化膜破壊および劣化チップのウェハ面内分布を示すものである[13]。200 mm ウェハ全面に渡ってゲート酸化膜の劣化も破壊もまったく起こっていない。

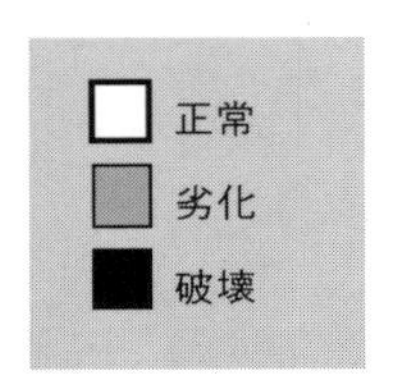

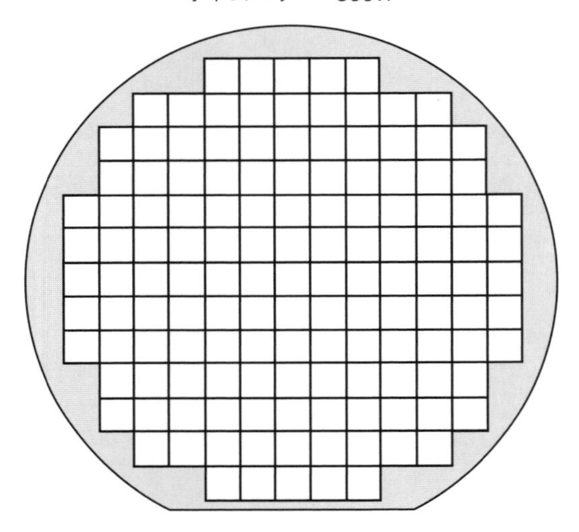

図5-22　TCP プラズマエッチャーにおけるゲート酸化膜破壊チップのウェハ面内分布[13)]

TCP プラズマエッチャーでは，ウェハステージに印加する RF パワーの周波数が 13.56 MHz であるにもかかわらずゲート酸化膜破壊は起こっていない。このことは，TCP プラズマエッチャーではウェハ上の磁界が無視できるレベルであることを示唆している。

以上述べたように，チャージアップを防止するにはウェハ表面に流れ込む高周波電流の分布が均一になるようにすればよい。これにより ECR のような強磁場を用いた高密度プラズマでもチャージアップをなくすことができる。

4 プラズマ処理におけるゲート酸化膜破壊のメカニズム

筆者らはプラズマ処理中のゲート酸化膜破壊はプラズマからゲートに流れ込む電流の定電流ストレスによってTDDB（Time Dependent Dielectric Breakdown）的に起こることを見出した[10),13)]。このモデルについて以下に説明する。**図5-23**はバレル型アッシャーにおけるゲート酸化膜破壊率のプラズマ処理時間依存性を調べたものである[13)]。RF電源のON/OFFを10回繰り返してもゲート酸化膜破壊が起こっていないこと，またゲート酸化膜破壊率はプラズマ処理時間と共に増加していることから，プラズマ処理中のゲート酸化膜破壊はプラズマ生成時や消滅時の過渡的な電流により生ずるのではなく，プラズマ処理中の定常的なストレスにより生ずることが分かる。**図5-24**にプラズマ処理中のチャージアップによるゲート酸化膜破壊のモデルを示す。ここでは正のチャージアップを例に示している。アンテナ比をrとすると，ゲート酸化膜を流れる電流（I_g）とプラズマから電極に流れ込むイオン電流（I_i）

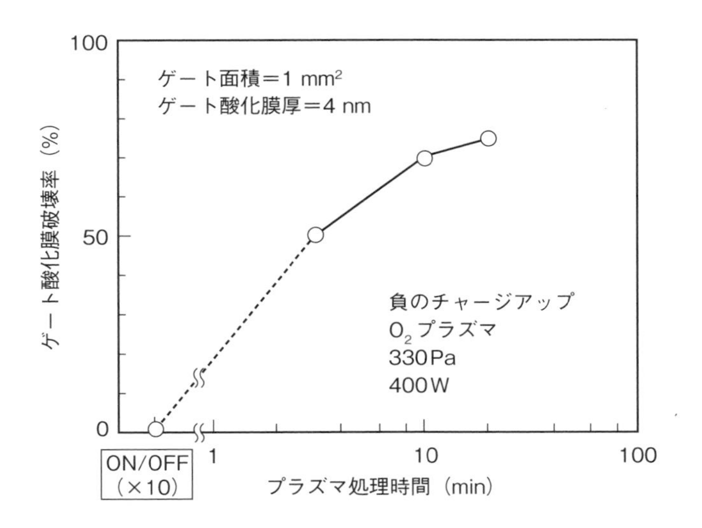

図5-23　バレル型アッシャーにおけるゲート酸化膜破壊率のプラズマ処理時間依存性[13)]

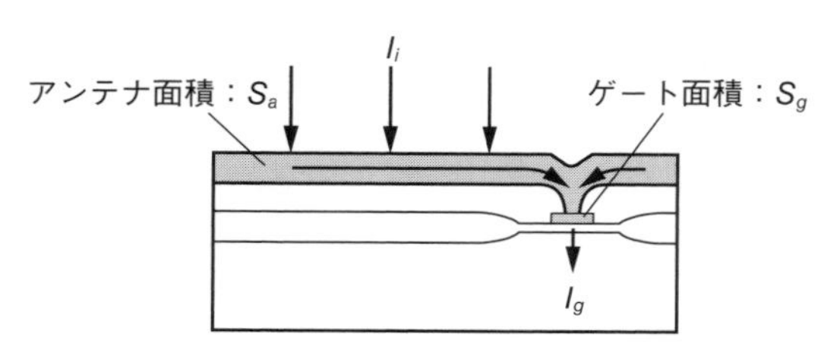

I_i：プラズマから電極に流れるイオン電流
I_g：ゲート酸化膜を流れる電流
I_{bd}：ゲート酸化膜破壊を起こすのに必要な電流

$I_g = r \times I_i$　　r（アンテナ比）$= S_a/S_g$

ゲート酸化膜破壊は$I_g > I_{bd}$のときに発生する

図5-24　プラズマ処理中のチャージアップによる
ゲート酸化膜破壊のメカニズム[10)]

には以下の関係が成り立っている。

$$I_g = r \times I_i \qquad \cdots\cdots\cdots(5.1)$$

酸化膜はある電流が膜中をある時間流れたときに破壊する。これはTDDB特性と呼ばれ，酸化膜の膜厚や形成条件で決まる酸化膜固有の特性である。ゲート酸化膜破壊を起こすのに必要なストレス電流をI_{bd}とすると，ゲート酸化膜破壊はI_gがI_{bd}より大きいときに発生する。

筆者らはバレル型アッシャーのチャージアップについて実際にI_iおよびI_{bd}を測定し，モデルの妥当性を検証した[10)]。図5-9に示したゲート酸化膜破壊率のアンテナ比依存性はバレル型アッシャーで20分間のプラズマ処理を行ったときの結果であるが，この時のMNOSキャパシターのΔV_{FB}は4.1Vであった[10)]。**図5-25**に示すΔV_{FB}のゲート注入電流依存性から$I_i = 2 \times 10^{-7}$ A/mm^{2}となる。またI_{bd}は**図5-26**に示すゲート酸化膜のTDDB特性から求めることができる。図から，20分間の処理（アッシャー処理時間）でゲート酸化膜破壊を起こすのに必要な電流値，即ちI_{bd}は3×10^{-5} A/mm^{2}である。$I_g = r \times I_i$であるから，$r = 1$のときは$I_g = I_i = 2 \times 10^{-7}$ A/mm^{2}となる。従って$I_g < I_{bd}$であり，ゲート酸化膜破壊は起こらないことになる。これは図5-9の実験結果と

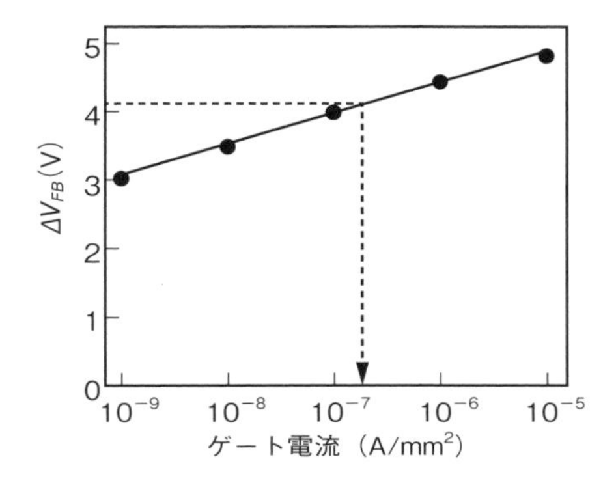

図5-25　MNOSキャパシタのゲート注入電流とΔV_{FB}の関係[10)]

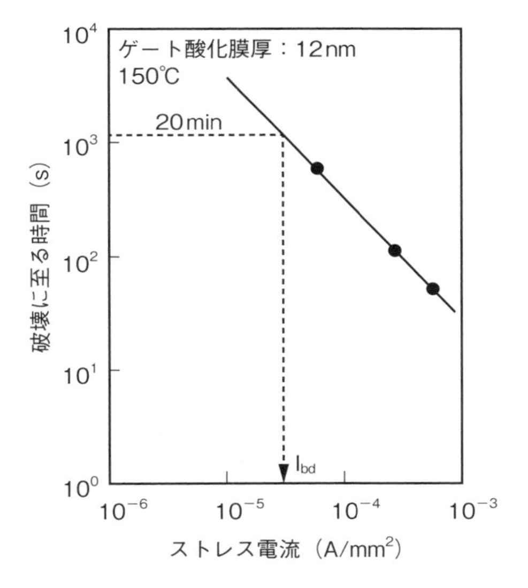

図5-26　ゲート酸化膜の定電流TDDB特性[10)]

一致する。またゲート破壊を起こすrを求めると，$I_g = r \times I_i$から，

$$r = I_g/I_i = I_{bd}/I_i = 150$$

となり，これも図5-9の実験結果とほぼ一致する。以上の結果からモデルの妥当性が検証できたと言える。

このモデルによれば，MNOSキャパシタの ΔV_{FB} 測定及びゲート酸化膜のTDDB特性から，ゲート酸化膜破壊を事前に予測することができ，ゲート酸化膜破壊を未然に防ぐことができる。すなわち，まずゲート酸化膜のTDDB特性評価から I_{bd} を求めておく。そしてMNOSキャパシタによりプラズマからゲートに流れ込む電流をモニターし，この電流が I_{bd} を超えないようにエッチング条件を設定するのである。これによってゲート酸化膜破壊を未然に防ぐことができる。この方法を用いればゲート酸化膜破壊が起こらないように条件設定したり，装置やプロセスの改良を行なうことができる。

5 パターンに起因したゲート酸化膜破壊

デバイスの微細化が進むにつれ顕在化しつつあるのが，パターン起因の局所的なチャージアップによるゲート酸化膜破壊である。これは電子シェーディングダメージと呼ばれ，密なパターンほどゲート酸化膜破壊が起こりやすい[14]。**図5-27**にモデルを示す[15]。イオンは垂直入射する

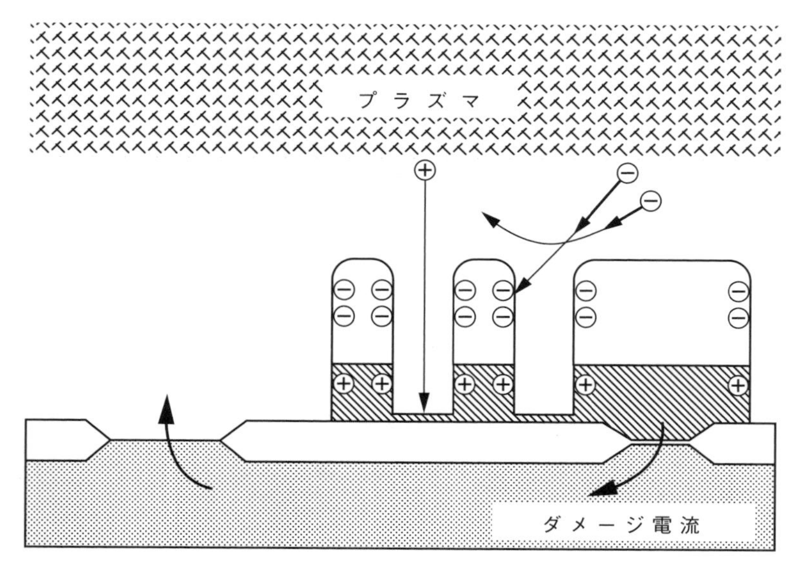

図5-27　電子シェーディングダメージのモデル図[15]

のに対して，電子は斜め入射するためレジストパターンの側壁は負にチャージアップする。この負電荷に反発されて電子がパターン底に入れなくなるため，イオン電流が過剰になる。結果として配線は正にチャージアップし，過剰電流が注入されて，ゲート酸化膜に損傷を与える。この効果はパターンスペースが狭くなるほど顕著になるため密なパターンでゲート酸化膜破壊が起こりやすくなる。

図 5-28 は電子シェーディングダメージがどのタイミングで起こるかを調べた結果である[16]。エッチングの終点は通常は発光スペクトルの変化から検出する。これを EPD（End Point Detector）による終点検出と呼ぶ。この実験では EPD による終点は 32 秒であった。ゲート酸化膜破壊は 29 秒から 35 秒の間で起こっており，35 秒以降では飽和している。このように電子シェーディングダメージはエッチングの終点付近で発生する。この現象はパターンが密の分部のエッチ速度が低下する，いわゆるマイクロローディング効果によって引き起こされる。モデルを図 5-28 の左に示す。(a) 29 秒より前では Poly-Si が全面にまだ残っており，プラズマからの流入電流はこの Poly-Si を通して流れてしまうた

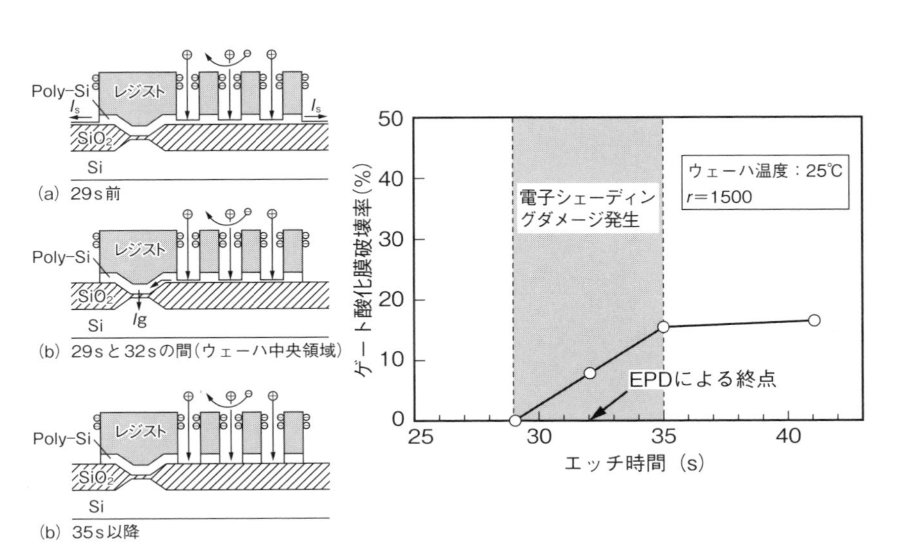

図5-28 電子シェーディングダメージの発生するタイミング[16]

めゲートにダメージ電流が流れない。(b) 29秒から32秒の間で，パターンが無い部分のPoly-Siはエッチングされて無くなってしまうが，ラインが密の部分はエッチ速度が遅いため底部にPoly-Siが残った状態となる。Poly-Siラインがお互いに繋がった状態でゲートに接続された形になるため，集まったダメージ電流がゲートに流れ，ゲート酸化膜破壊が起こる。(c) 35秒でライン底部のPoly-Siもエッチングされて無くなるため各ラインは分断され，ゲートにダメージ電流が流れなくなる。その結果35秒以降はゲート酸化膜破壊率が飽和する。

電子シェーディングダメージを低減するには，電子温度を下げてやることが有効であり，電極間隔を広げたり，圧力を高くするのが低ダメージ化の方向である[16]。さらに効果的に電子シェーディングダメージを低減させる方法として，放電を時間変調する方法[17]とバイアスを時間変調する方法[18]が提案されている。前者は放電がOFFの時に発生する負イオンを低周波のRFバイアスで引込むことにより，正イオンによるチャージアップを中和させるものである。後者はRFバイアスを数kHzの周期でON/OFFさせるものであり，タイムモジュレーションバイアス法と呼ばれている[18]。**図5-29**にタイムモジュレーションバイアス電源を搭載した装置の断面図を示す。**図5-30**にタイムモジュレーション

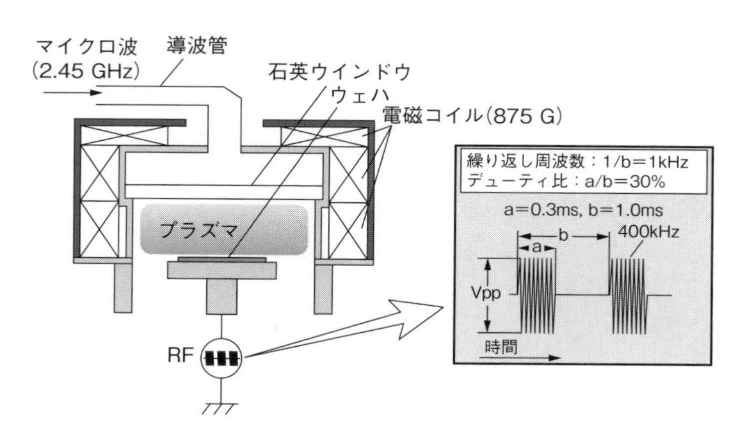

図5-29　タイムモジュレーションバイアス電源を搭載した装置[18]

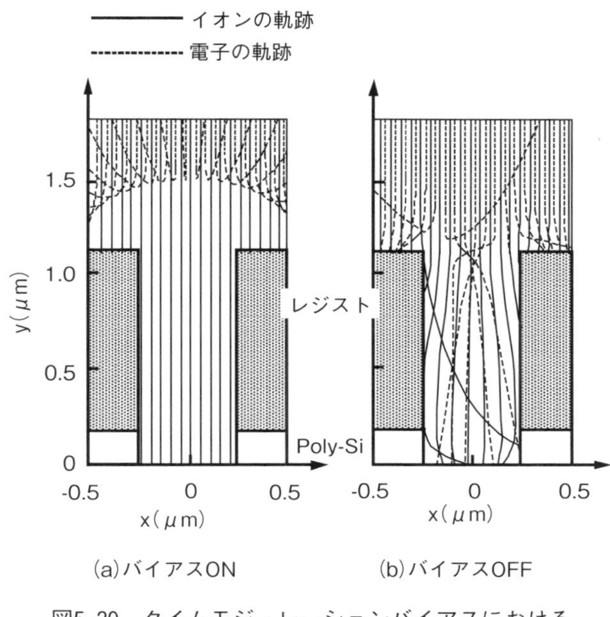

図5-30　タイムモジュレーションバイアスにおける電子とイオンの軌跡[18)]

バイアスにおける電子とイオンの軌跡のシミュレーション結果を示す[18)]。バイアスON時（図5-30(a)）には電子は反発され，イオンのみ入射するため正のチャージアップが起こるが，バイアスOFF時（図5-30(b)）にはイオンのエネルーギーが下がるため，レジストパターン側壁の負電荷が中和される。結果としてバイアスOFF時にはゲートにストレス電流が流れないため，ゲート酸化膜破壊が起こりにくくなる。

❻ ゲート酸化膜破壊におよぼす温度の影響

5.2 ❹で述べたように，プラズマ処理中のゲート酸化膜破壊はプラズマからゲートに流れ込む電流の定電流ストレスによってTDDB的に起こる。酸化膜のTDDB特性は膜厚や形成条件で決まる酸化膜固有の特性であるが，温度依存性を持っており，ストレスをかけているときの温度が高いと破壊が起こりやすくなる。すなわちプラズマ処理中の温度が高いと，より少ないストレス電流で，また，より短い時間でゲート酸化膜破壊が起こるようになる。**図 5-31** にゲート酸化膜破壊率のウェハ温度依存性を示す。r = 750 の場合，ゲート酸化膜破壊はウェハ温度が −35℃の時はゼロであるが，温度が高くなるにつれて増加し，150℃では 98.3％に達する。図から分かるように，ゲート酸化膜破壊率は $exp(-E/kT)$ に比例して増加する。ここで，k：ボルツマン定数，T：ウェハ温度，E：活性化エネルギー，である。**図 5-32** に 15℃と 150℃におけるゲート酸化膜破壊チップのウェハ面内分布を示す。

遷移金属のような難エッチ材料では反応生成物の蒸気圧を高めエッチ速度を大きくするために，高温エッチングが行われることが多い。この場合，ゲート酸化膜破壊が起こりやすいので注意が必要である。アッシング工程も通常高温で行われる。ダウンフロー方式のようにラジカルの

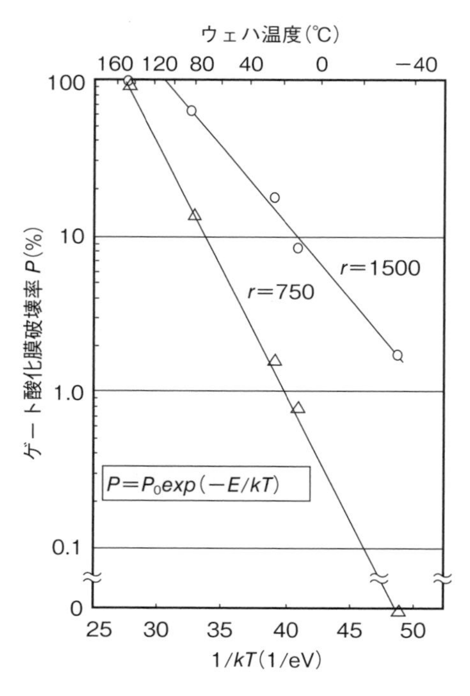

図5-31　ゲート酸化膜破壊率のウェハ温度依存性[16)]

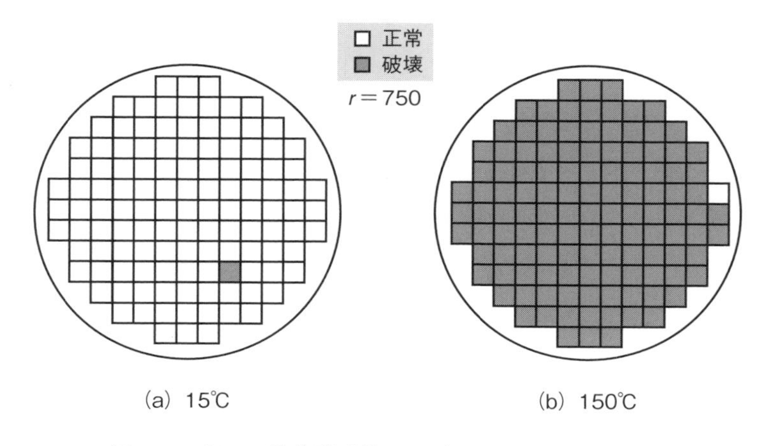

図5-32　ゲート酸化膜破壊チップのウェハ面内分布[16)]

みでアッシングを行う場合は問題ないが，イオン成分が含まれるプロセスの場合は注意が必要である。

7 デバイスデザインルールによるチャージアップダメージ対策

チャージアップダメージはロジックLSIの配線のエッチング工程やアッシング工程が一番深刻である。アンテナとなる長い配線がゲートに接続されているためである。図5-9で説明したように，アンテナ比が大きくなるにつれ，ゲート酸化膜破壊率は大きくなる。デバイス構造側からの対策としてアンテナルールと保護ダイオードがある。アンテナルールとは，ゲートにダメージを与えるアンテナ比をあらかじめ調べておき，基準を超える個所があった場合は基準を満足するよう配線をカットし，別の配線層で接続することによりアンテナ比を低減させるよう設計するものである[19)]。保護ダイオードは，拡散層を用いてダメージ電流をSi基板に流すことによりゲート酸化膜破壊を回避するものである[20)]。しかし，いずれもレイアウトルールの制約を考えると万能ではないので，エッチングハード・プロセス面でのチャージアップ低減対策と併用して進める必要がある。

〔参考文献〕

1) G. S. Oehrlein：Proc. Symp. Dry Process, p.59 (1986).
2) G. S. Oehrlein, R. M. Tromp, Y. H. Lee & E. J. Petrillo：Appl. Phys. Lett. **45** (4), 420 (1984).
3) 野尻一男，水谷巽：応用物理，第64巻 第11号，p.115 (1995).
4) K. Nojiri & E. Iguchi：J. Vac. Sic. & Technol. B **13**, 1451 (1995).
5) 橋見一生，松永大輔，金澤政男：第40回応用物理学関係連合講演会講演予稿集, No.2, p.616 (1993).
6) 橋見一生，松永大輔，金澤政男：第54回応用物理学会学術講演会講演予稿集, No.2, p.536 (1993).
7) N. Aoto, M. Nakamori, H. Hada, T. Kunio & E. Ikawa：Ext. Abstr. Int. Conf. Solid State Devices & Materials, p.101 (1993).
8) K. Tsunokuni, K. Nojiri, S. Kuboshima & K. Hirobe：Ext. Abstr. the 19th Conf. Solid State Devices & Materials, p.195 (1987).
9) Y. Kawamoto：Ext. Abstr. the 17th Conf. Solid State Devices & Materials, p.333 (1985).
10) K. Nojiri & K. Tsunokuni：J. Vac Sic. Technol. B **11**, 1819 (1993).
11) S. Nakagawa, T. Sasaki, & M. Mori：Proc. Symp. Dry Process, p.23 (1993).
12) 野尻一男：Semiconductor World, p.86, October (1992).
13) 野尻一男：半導体プロセスにおけるチャージング・ダメージ，p.51（リアライズ社，1996).
14) K. Hashimoto：Jpn. J. Appl. Phys. **32**, 6109 (1993).
15) K. Hashimoto：Dig. Pap. Int. MicroProcess Conf., p.146 (1995).
16) K. Nojiri, K. Kato & H. Kawakami：Proc. 4th Int. Symp. Plasma-Process Induced Damage, p.29 (1999).
17) H. Ohtake, S. Samukawa, K. Noguchi & T Horiuchi: Proc. Symp. Dry Process, p.97 (1998).
18) K. Nojiri, N. Mise, M. Yoshigai, Y. Nishimori, H. Kawakami, T. Umezawa, T. Tokunaga & T. Usui：Proc. Symp. Dry Process, p.93 (1999).
19) 野口江：Electronic Journal 8th Technical Symposium, p.31 (1997).
20) M. Takebuchi, K. Yamada, T. Nishimura, K. Isobe, T. Uemura, T. Fujimoto, M. Arakawa, S. Mori, A. Kimitsuka & K. Yoshida：Tech. Dig. Int. Electron Devices Meet., p.185 (1996).

6章 新しいエッチング技術

本章ではCuダマシンエッチング，Low-kエッチング，メタルゲート/High-kエッチング，FinFETエッチングなどの新しいエッチング技術について述べる。Cuダマシンエッチングでは各種方式についての説明や，Low-kダメージを防ぐための方法についても解説する。また，今ホットな話題になっているマルチパターニング技術，3D NAND用高アスペクト比ホールエッチング，3D ICエッチングなどの新分野についても解説する。

6.1 Cuダマシンエッチング

ロジックLSIの高速化は主としてトランジスタの微細化によって牽引されて来た。しかしながら，0.25 μmノード以降はLSIのスピードが配線で律速されるようになった[1)]。**図6-1**でその理由を説明する。微細化（高集積化）が進むと，まず配線の断面積が小さくなり，また配線長は長くなる。その結果配線抵抗Rは大きくなる。次に配線間距離が短くなるため，配線間容量Cは大きくなる。配線の遅延時間はRCに比例するため，微細化（高集積化）に伴い遅延時間が大きくなる，すなわちLSIのスピードが遅くなるというわけである。対策として，まず配線の抵抗を下げるために，従来のAlに代わり，より抵抗率の低いCuが導

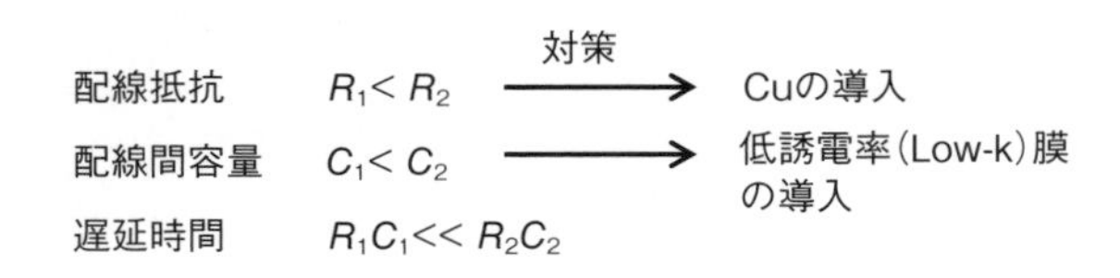

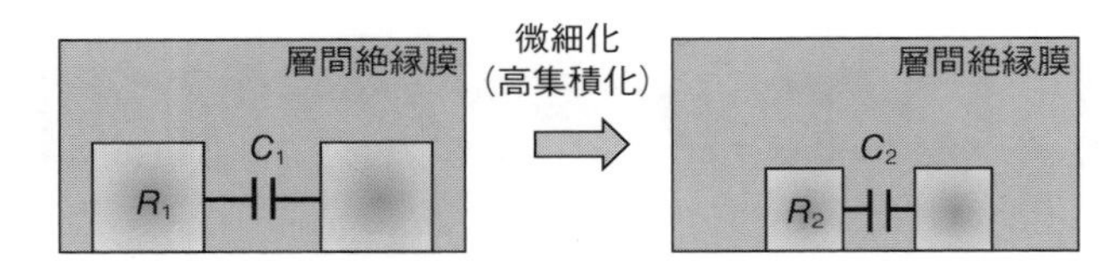

図6-1　LSIの微細化に伴う配線遅延の増加

入された。Alの抵抗率が約2.7μΩcmであるのに対しCuの抵抗率は約1.7μΩcmと低い。また，配線間容量を低減するために，従来の酸化膜に代わり，誘電率のより低い低誘電率膜（Low-k膜）が導入された。酸化膜の比誘電率kが4.1であるのに対し，Low-k膜のk値は3以下である。Cu配線の形成には，新たにダマシンという技術が導入された。これは3章の3.3.**3**で述べたように，Cu配線ををエッチングで形成するのが非常に難しいためである。以下，ダマシンによる多層配線プロセスを従来のAl多層配線プロセスと比較しながら説明する。

図6-2はAl多層配線のプロセスフローを示すものである。(1)は1層目のAl配線が形成された状態を示す。(2)層間絶縁膜を堆積し，CMPで平坦化する。(3)リソグラフィ技術でビアホール用レジストマスクを形成した後,(4)酸化膜エッチャーでビアホールを開口する。(5)アッシャーでレジストを除去する。(6)CVDでWをビアホール内に埋め込んだ後，(7)CMPで研磨して平坦部のWを除去し，Wプラグを形成する。(8)2層目のAlをスパッタで堆積した後，(9)配線用レジストマスクを形成する。(10)Alエッチャーで配線エッチングを行い，(11)アッシャーでレジストを除去する。こうして2層目のAl配線が形成される。

次に**図6-3**に沿ってダマシンプロセスを説明する。ダマシンプロセス

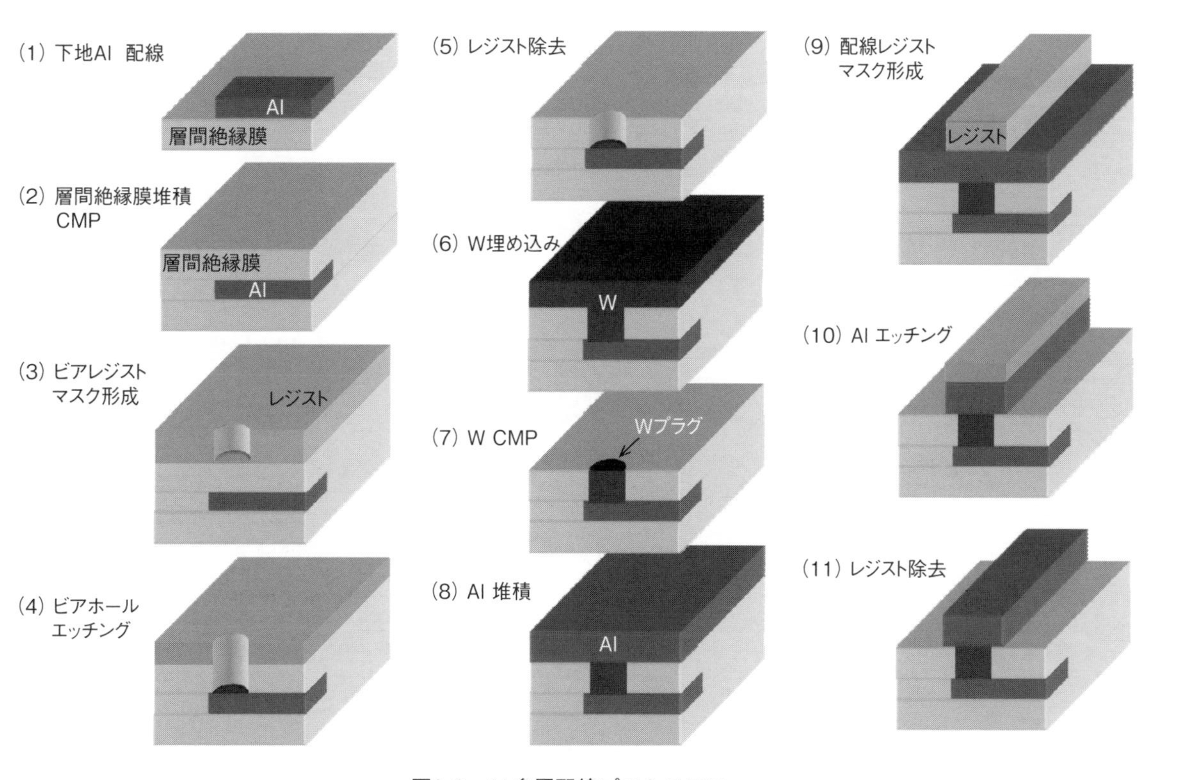

図6-2 Al 多層配線プロセスフロー

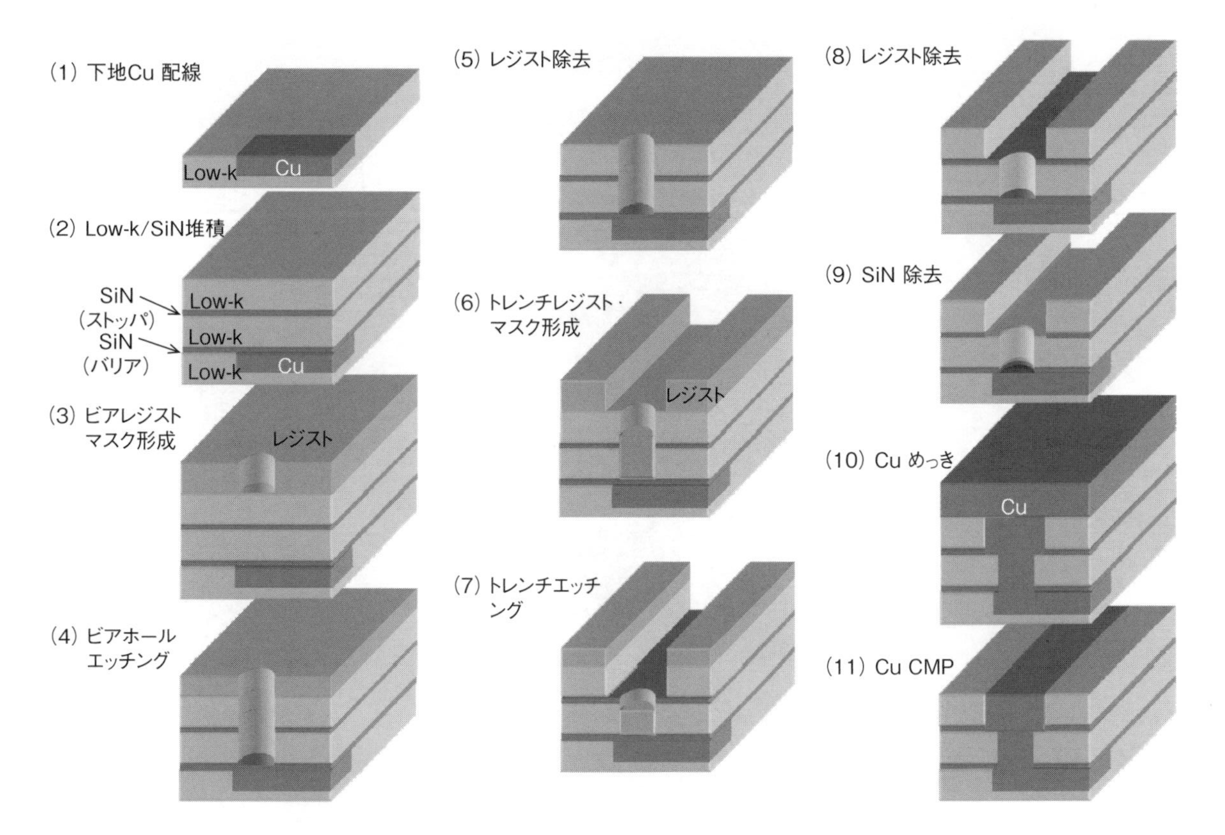

図6-3　デュアルダマシンプロセスフロー（ビアファースト方式）

とは，絶縁膜に溝（トレンチ）を形成した後Cuを堆積し，CMPで研磨して配線を形成するものである。ダマシンには配線とビアホールを別々に形成するシングルダマシンと，配線溝とビアホールを同時にCuで埋め込むデュアルダマシンとがある。デュアルダマシンはシングルダマシンに比べ工程数が少なく，低コスト化が可能である。デュアルダマシンにはいくつかの方式があるが，図6-3に示したのは，現在主流になっているビアファースト（ビア先）方式である。(1) は1層目のCu配線が形成された状態を示す。(2) Cuの拡散を防ぐバリア膜（SiN）をCu上に堆積し，その上にビアホールが形成される低誘電率膜(Low-k膜)を堆積する。引き続きエッチストッパとなるSiN，トレンチが形成されるLow-k膜を順次堆積する。(3) リソグラフィ技術でビアホール用レジストマスクを形成した後，(4) 酸化膜エッチャーでビアホールを開口する。(5) アッシャーでレジストを除去した後，(6) 今度はトレンチ用のレジストマスクを形成する。(7) 酸化膜エッチャーでトレンチエッチングを行い，(8) レジストを除去すると，配線用のトレンチとビアホールが繋がった形状が得られる。(9) SiNを除去し，ビアホール底のCu（1層目のCu）を露出させた後，(10) めっきでビアおよびトレンチにCuを埋め込む。(11) CMPで平坦部のCuを除去すると2層目のCu配線が形成される。

トレンチエッチングのストッパ膜にSiN膜を用いると，実効的な誘電率が上がってしまうため，低誘電率膜を用いた効果が薄れてしまう。そのため，最近ではエッチングのストッパ層を使わないケースがほとんどである。その場合，トレンチの深さはエッチング深さで決まるため，エッチ速度の安定化が必要である。**図6-4**にデュアルダマシンのエッチング例を示す。これはLow-kではなく，SiO_2をエッチングした例である。ここではトレンチエッチングのストッパSiNは使われていない。

以上のように，ダマシンプロセスではCu配線を形成するのにCuのエッチングを必要としない。したがって，メタル用のエッチャーはもはや必要でなくなり，その代わり酸化膜エッチャーが必要になる。すなわち，ダマシン配線の導入により，メタルエッチャーの比率は下がり，酸

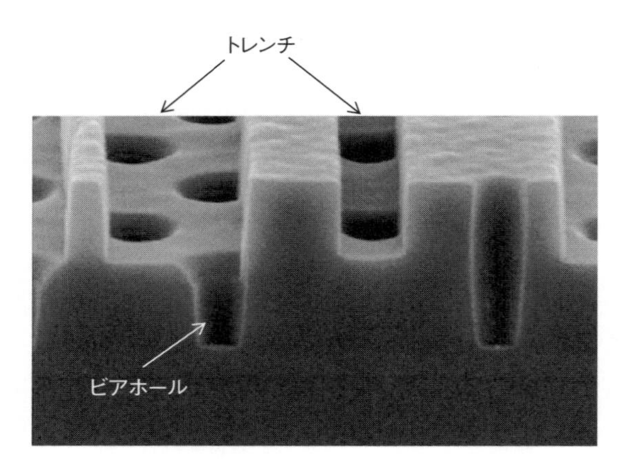

図6-4　デュアルダマシンのエッチング例

化膜エッチャーの比率が増加する。

6.2 Low-k エッチング

Cu デュアルダマシン配線技術は SiO_2 膜との組み合わせで 0.18 μm 世代から導入された。0.13 μm 世代では層間膜として，SiO_2 の中にフッ素を含有する FSG（比誘電率 k = 3.6）が導入された。FSG は SiO_2 とほぼ同じエッチング条件で加工できる。k = 3.0 以下の Low-k 膜が本格的に使われるようになったのは 90 nm の世代からである。Low-k 膜との組み合わせでは，Low-k 膜そのもののエッチングにまつわるプロセスの難しさが加わるため，総合的なプロセスの難易度が高くなる。

90 nm ロジック LSI から本格的に導入された Low-k 膜は k 値が 2.9 程度ものである。Low-k 膜の形成法として，SOG（Spin-on Glass）や CVD があるが，いずれも膜中にメチル基 CH_3 を含んでおり，これによって k 値を下げている。エッチングやアッシングにあたっては酸素の副作用に注意が必要である。**図 6-5** を用いてその理由を説明する。図 6-5 は分子軌道法を用いたシミュレーション結果である[2)]。ここでは Low-k

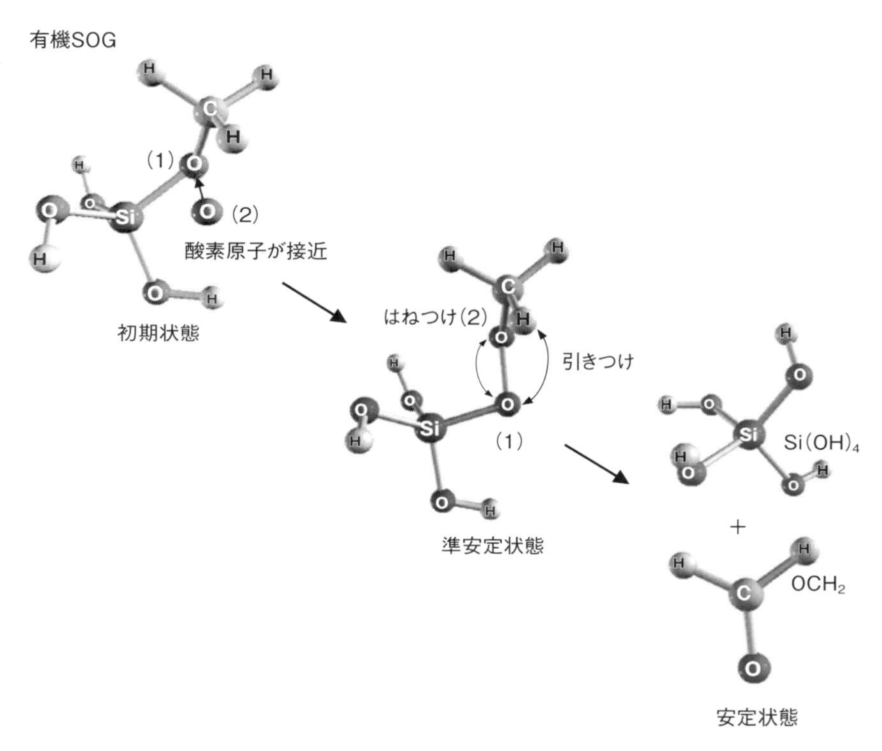

図6-5　酸素原子とLow-k膜（メチルシロキサン系有機SOG）の反応[2)]

膜として，CH_3を含むメチルシロキサン系の有機SOGを取り上げ，そこに酸素原子が近づいた場合の例を示している。酸素原子が近づくとCH_3の引き抜き反応が起こることが分かる。その結果，k値が上昇したり，多孔質状に酸化された部分のエッチ速度が速くなる。トレンチエッチングでは，エッチングガス中に含まれる酸素はサブトレンチを引き起こす原因となる。サブトレンチの例を**図6-6**に示す[2)]。ここではメチルシロキサン系の有機SOGを$C_4F_8/O_2/Ar$のガス系でエッチングしている。サブトレンチ発生のメカニズムを**図6-7**に示す[2)]。図6-7(1)に示すように，CF系のポリマーはトレンチ内に均一には付着せず，トレンチ底部のコーナーでは薄くなっている。したがってこの部分は酸素ラジ

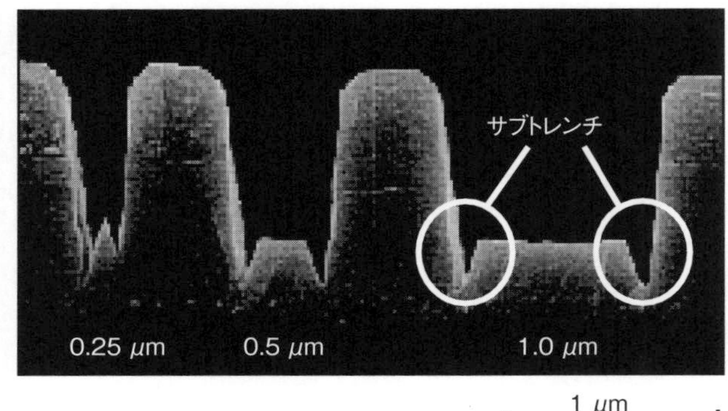

図6-6　$C_4F_8/O_2/Ar$ で Low-k 膜（メチルシロキサン系有機 SOG）をエッチングしたときのサブトレンチの発生例[2)]

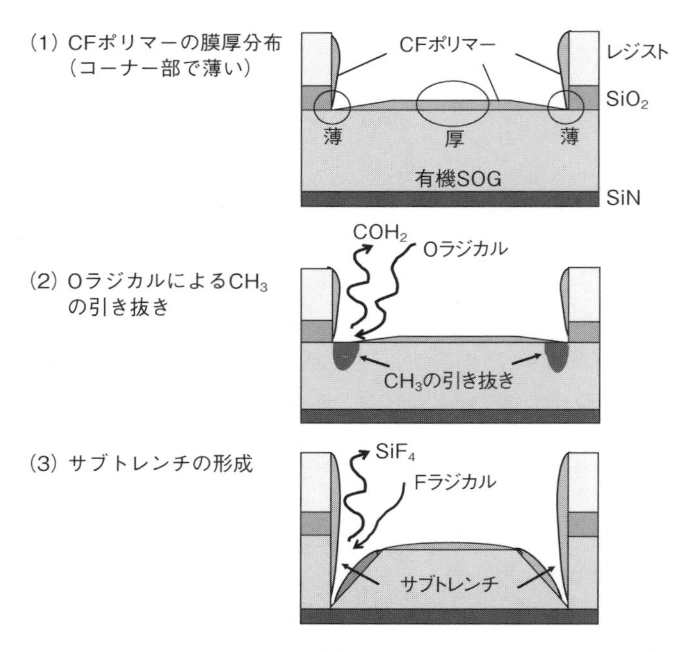

図6-7　$C_4F_8/O_2/Ar$ で Low-k 膜（メチルシロキサン系有機 SOG）をエッチングしたときのサブトレンチの発生メカニズム[2)]

カルでエッチングされやすく，下地の有機SOGが酸素ラジカルに触れる。その結果，上に述べたような反応により，この部分のエッチ速度が増し，サブトレンチが発生する。サブトレンチの発生は，O_2濃度の最適化や[3]，O_2の代わりにN_2を用いることにより対策できる[2]。**図6-8**にメチルシロキサン系の有機SOGを$C_4F_8/N_2/Ar$のガス系でエッチングした結果を示す。アンダーエッチの場合もオーバーエッチの場合もサブトレンチの発生がないことが分かる。**図6-9**は同じメチルシロキサン系の有機SOGに対しO_2 / C_4F_8の濃度を最適化してデュアルダマシンエッチングを行った例である[3]。

CH_3を含むLow-k膜はアッシング時にも注意が必要である。**図6-10**(a) に示すように，酸素プラズマを用いたアッシングでは酸素ラジカルによりCH_3の引き抜きが起こる[4]。アッシング時に起こるこの現象をLow-kダメージと称する。ダメージを受けた部分は希フッ酸で軽くエッチングしただけで簡単にエッチオフされてしまう。Low-k膜にダメー

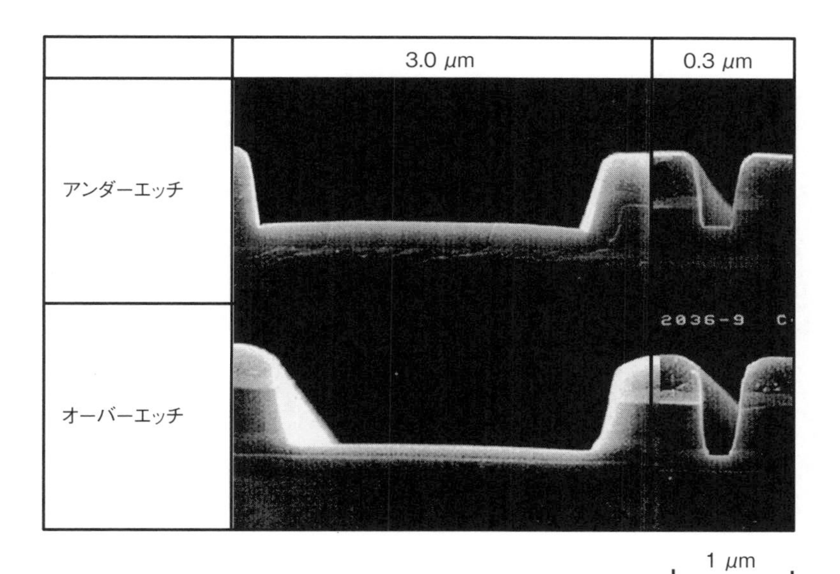

図6-8　$C_4F_8/N_2/Ar$によるLow-k膜（メチルシロキサン系有機SOG）のエッチング形状[2]

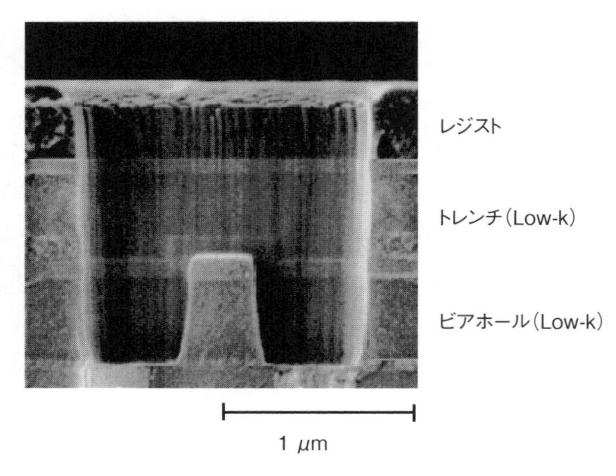

図6-9　Low-k 膜（メチルシロキサン系有機 SOG）のデュアルダマシンエッチング形状[3)]

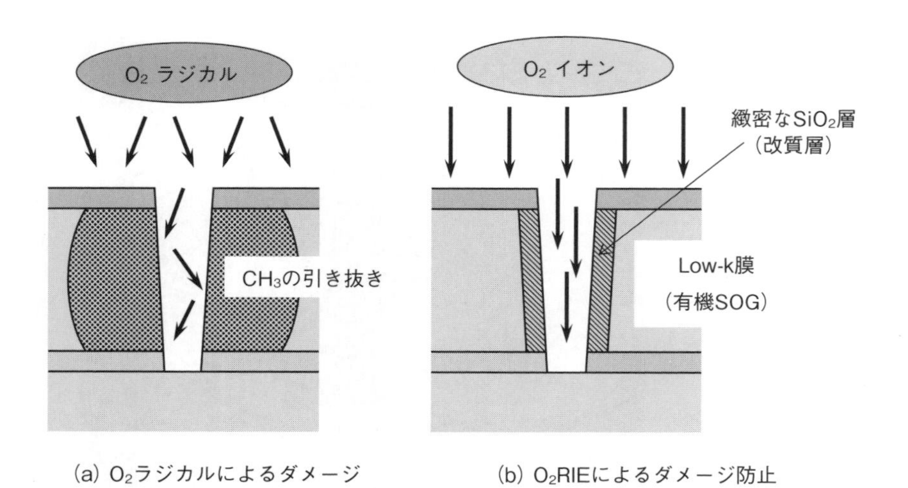

図6-10　アッシング時の Low-k 膜に対するダメージとその対策[4)]

ジが入ると k 値が上昇してしまうため，ビアホールよりトレンチエッチング後のアッシングに特に注意が必要である。なぜなら，配線の遅延時間に影響するのはトレンチ間の容量だからである。この問題は図 6–10 (b)に示すように，酸素イオンで側壁に緻密な SiO_2（改質層）を形成することにより対策できる[4]。具体的にはアッシング時の圧力を 0.133 Pa（1 mTorr）程度まで下げてイオン成分を増やすか，ウェハステージにバイアスをかけて酸素イオンを引き込むバイアスアッシングが有効である。

その他の Low-k 膜として有機高分子膜がある。SiO_2 などのハードマスクを用いて O_2/N_2 ガスでエッチングするのが一般的であるが[5]，オー

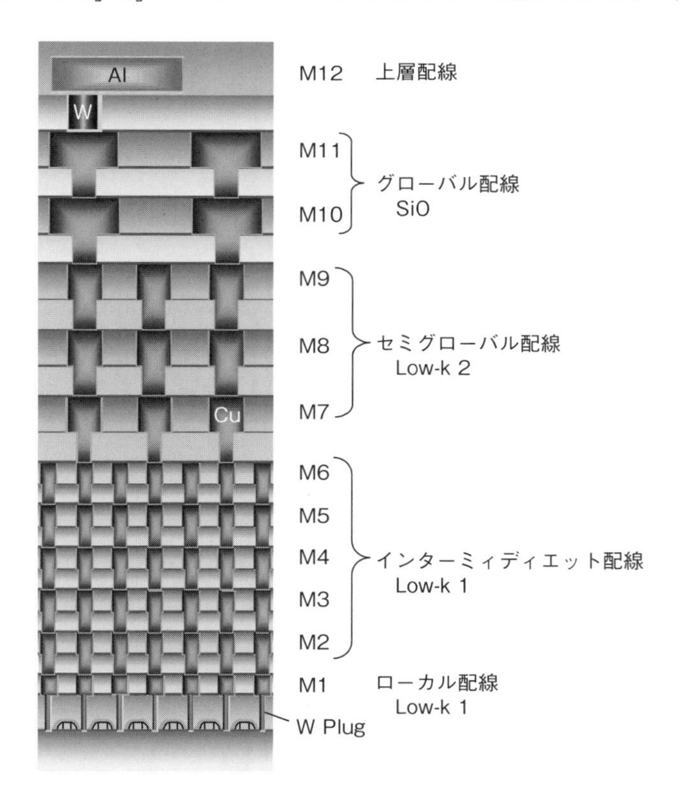

図6–11　デュアルダマシンを用いた多層配線

6
新しいエッチング技術

バーエッチ時にボーイング形状になりやすい。より精度の高い加工にはN_2/H_2ガスもしくはNH_3ガスが有効である[6]。有機高分子膜もレジスト除去プロセスが問題である。レジストマスクでハードマスクを開口し，引き続きO_2 RIEで有機膜をエッチングする時に同時にレジストをエッチオフするプロセスが報告されている[7]。

実際の多層配線では，以上説明したようなデュアルダマシンを何層にも重ねて形成する。**図6-11**に12層の例を示す。ローカル配線やインターミィディエット配線は配線間隔が狭いので，一番k値の低いLow-k膜を使う。セミグローバル配線ではそれよりややk値の高いLow-k膜を使い，グローバル配線は通常SiO_2膜が使われる。この例では12層目が最上層の配線であるが，この層はボンディングパッドも含み，通常Alが使われる。その場合，配線形成はダマシンではなく，従来のAlエッチング技術が使われる。

6.3 ポーラスLow-kを用いたダマシン配線

45nm世代からは，k値が2.5以下のポーラスLow-k膜が導入された。ポーラスLow-k膜では，アッシング時のダメージはさらに深刻になり，上述の対策では不十分な状況である。そこで，デュアルダマシンのフローそのものを変えている。**図6-12**に一例を示す。ここではトレンチのエッチングにメタルハードマスクを用いるのがポイントである。材料としては，一般的にTiNが多い。図6-12の工程（2）に示すように，まず最初にメタルハードマスク（メタルHMと表記）をエッチングする。ここではメタルエッチャーを用い,塩素系のガスでエッチングする。(3)引き続きアッシャーでレジストを除去する。ここで，レジストが除去されてしまうのでトレンチエッチング後のレジスト除去工程がなく，ダメージを防止できる。(4) 次にビアホール用のレジストパターンを形成する。図中のBARCはBottom Anti Reflection Coatingの略で，反射防止膜のことである。(5) ビアホールエッチングを行い，(6) レジストを

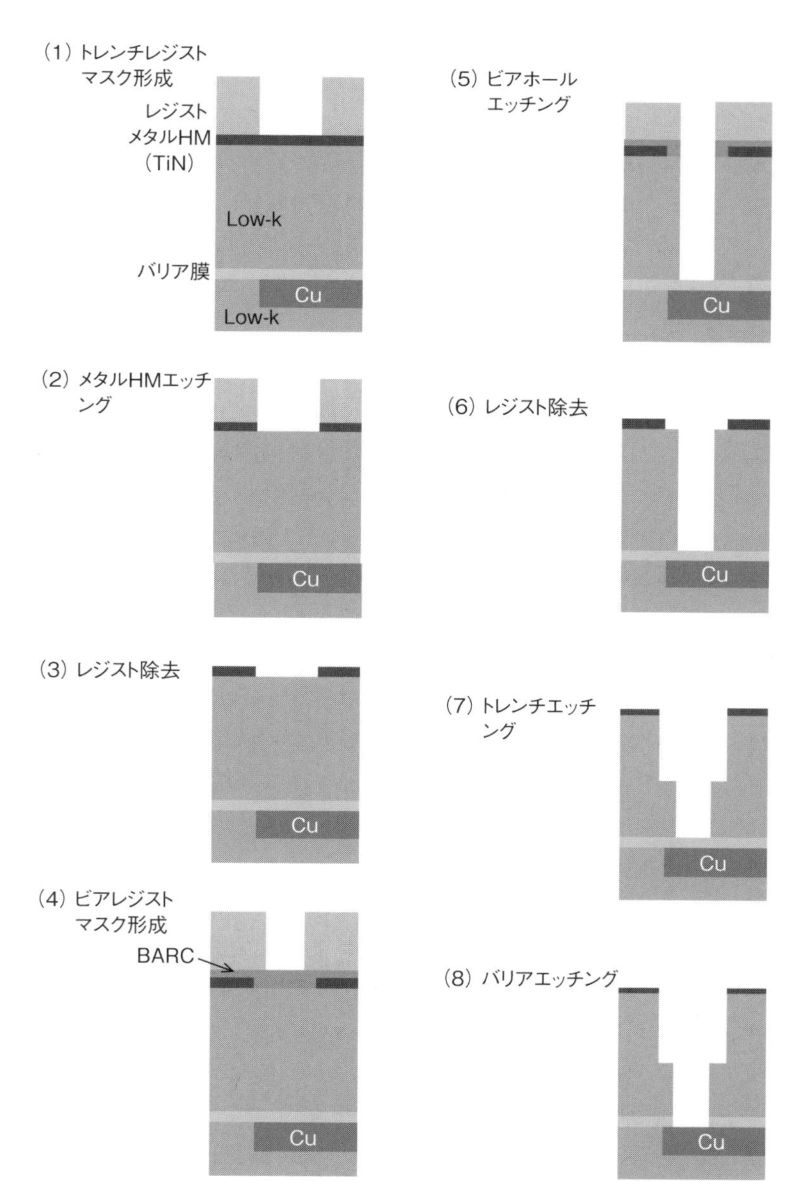

図6-12　メタルハードマスクを用いたデュアルダマシンプロセスフロー

6

新しいエッチング技術

除去する。(7) 先に形成したメタルハードマスクでトレンチをエッチングする。(8) 引き続きバリア膜エッチングを行い，デュアルダマシンエッチングが完了する。

本プロセスでトレンチエッチングのマスクとしてTiNのようなメタルハードマスクを用いるのは，ポーラスLow-kに対して十分な選択比を得るためである。なお，本プロセスではビアの前にトレンチのマスクを形成するため，トレンチファースト（トレンチ先）方式と呼ばれることもある。

6.4 メタルゲート/High-kエッチング

デバイスの微細化に伴いゲート絶縁膜は薄膜化される。具体的には，45 nmノードでは酸化膜換算の膜厚EOT（Equivalent Oxide Thickness）は1.0 nm程度まで薄膜化される。そこで問題となるのがリーク電流の増加である。65 nmノードまではSiONで対応できたが，45 nmノード以降はゲートリーク電流が無視できなくなってきた。対応策として，45 nmノードではSiONに代わってHigh-k膜が導入された。High-k膜を用いると，誘電率が高い分，薄膜化しなても実効的に薄膜化したのと同じ効果が得られ，リーク電流の増加を防ぐことができるためである。High-k膜の候補として種々の膜が検討されたが，ほぼHf系の膜，すなわちHfO_xや$HfSiO_x$に絞られてきている。

ゲート電極材料に関しては，従来のPoly-Siでは空乏層が形成され，これが実効的なゲート絶縁膜厚の増加をもたらすという問題点がある。そこで45 nmノードからは，空乏層の形成のないメタルゲートが導入された。これも種々の材料が検討されたが，45～32 nmノードでは主にTiNやTaNが使われている。

メタルゲート/High-k構造は45 nmノードで初めて導入され[8)]，32 nmノードで本格化した。メタルゲート/High-kの形成プロセスには，**図6-13**に示すようにゲートファースト方式[9)]とゲートラスト方式[8)]がある。

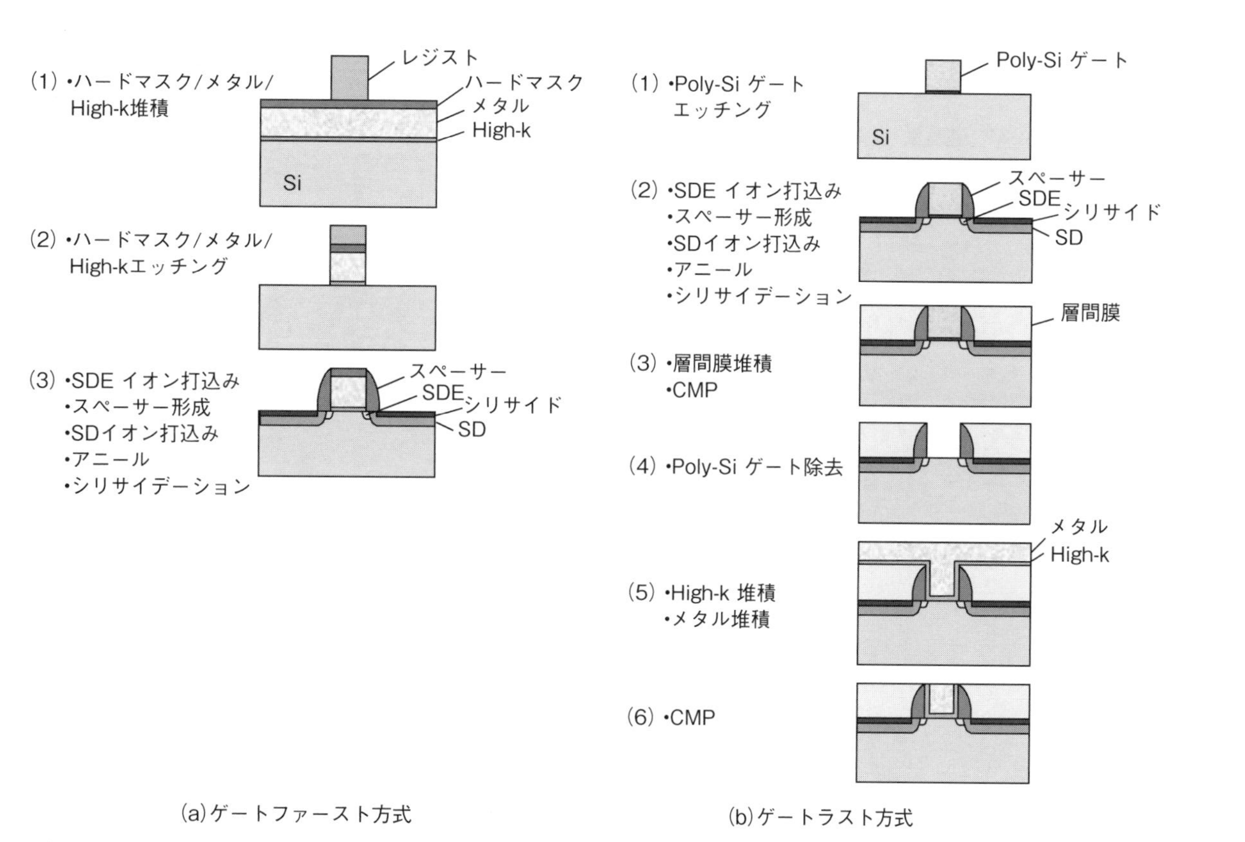

図6-13 メタルゲート / High-k 形成プロセス

ゲートファースト方式は，プロセスフローそのものは従来のPoly-Siゲートと同じである。図6-13(a)に示すように，(1) メタル/High-kを堆積した後，(2) この積層膜をエッチングしてゲートを形成する。(3) 引き続きSDEイオン打込み，スペーサー形成，SDイオン打込み，活性化アニール，シリサイデーションを行いゲート形成工程が完了する。ゲートファースト方式はプロセスが簡単である，工程が短い，製造コストが安いなどの利点がある。その反面，メタル/High-kのゲートを形成した後に活性化アニールやシリサイデーションなどの高温の熱処理が入るため，仕事関数が低下し，MOSトランジスタの閾値電圧V_{th}が大きくなってしまうという耐熱性の問題が起こりやすい。またメタル/High-k構造のエッチングの難易度が高いがゆえにゲートエッチングに課せられる課題が多い。具体的にはエッチングの形状制御，残渣，Siリセス（Si基板削れ）などの課題がある。

ゲートラスト方式は一度Poly-Siでゲートを形成し，イオン打込み，活性化アニール，シリサイデーションなどの熱処理を完了した後に，Poly-Siゲートを除去し，できたトレンチの中にHigh-k膜，メタルを埋め込んでCMPで平坦化してメタル/High-k構造のゲートを形成する。最初にPoly-Siゲートを作って，後からメタルゲート/High-kに置き換えることから，Replacement Gate方式と呼ばれることもある。プロセスフローを図6-13（b）に示す。(1) まずPoly-Siゲートエッチングを行い，Poly-Siゲートを形成する。(2) 次にSDEイオン打込み，スペーサー形成，SDイオン打込み，活性化アニール，シリサイデーションを行う。(3) 層間膜を堆積した後にCMPで平坦化する。(4) Poly-Siゲートを除去し，(5) High-k膜，メタルを埋め込み，(6) CMPで平坦化してメタル/High-kゲート形成工程が完了する。ゲートラスト方式ではメタル/High-kを形成する前に熱工程が終了しているため耐熱性の問題はなく，プロセスが安定している。また，ゲートのエッチングはPoly-Siエッチングなので，メタルゲート/High-k構造のエッチングに比べ容易である。一方，プロセスが複雑である，工程が長い，製造コストが高いなどの欠点がある。

本節では加工面での課題が多いゲートファースト方式のエッチング技術について述べる。**図 6-14** にメタルゲート/High-k で使われる代表的な材料を示す[10]。High-k 膜としては Hf の酸化物である HfO_2, $HfSiO_2$, HfSiON などが用いられる。メタルには TiN や TaN が用いられ，メタルと High-k 膜の間には MOS トランジスタの閾値電圧 V_{th} を調整するために，1 nm 程度の薄いキャップメタルが挿入される。材料としては N 型 MOS トランジスタには LaO，P 型 MOS トランジスタには AlO が一般的に用いられている。メタルそのものの厚さは 10 ～ 20 nm 程度であり，その上に 100 nm 程度の Poly-Si が乗った積層構造が一般的である。メタルである TiN や TaN はハロゲン系のガスで容易にエッチングできる。問題は High-k 膜のエッチングである。High-k 膜のエッチングが困難なのは，主として反応生成物が不揮発性であることによる。High-k 膜のエッチングでは，マスクに対する十分な選択性を保ち，ゲートエッチ形状に影響を与えないようにしつつ，下地のソースドレイン領域へのダメージを避ける必要がある。Hf の塩化物はフッ化物に比べれば蒸気圧が高いため[11]，一般的には HfO_2 のエッチングには BCl_3/Cl_2 が用いられる。High-k 膜が Si を含有する $HfSiO_2$ の場合は，Si のハロゲン化物の蒸気圧が高いことから，HfO_2 に比較するとエッチングは容易になる[11]。**図 6-15** は温度をパラメータとして，HfO_2/SiO_2 選択比と BCl_3/Cl_2 流量比の関係を調べた結果である。エッチング装置は TCP プラズマエ

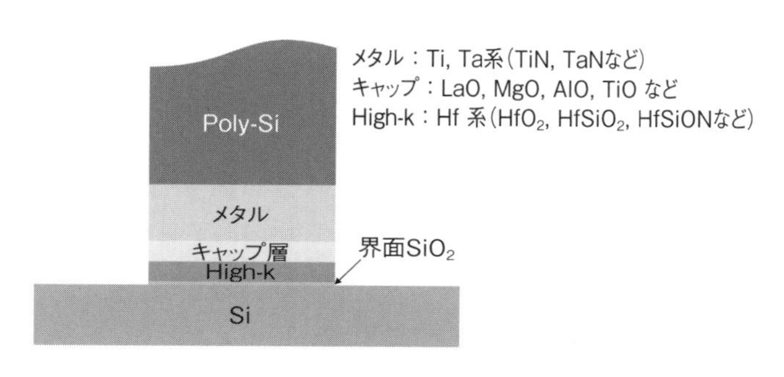

図6-14　メタルゲート / High-k で使われる材料[10]

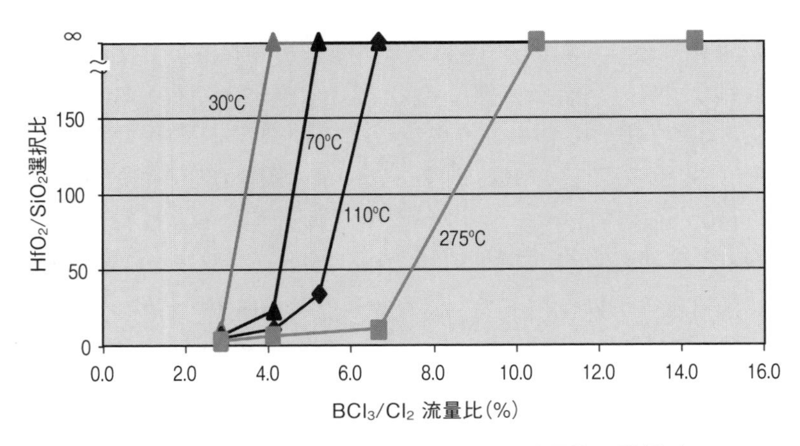

図6-15　HfO_2/SiO_2 選択比 と BCl_3/Cl_2 流量比の関係[10]

ッチャーを用いている[10]。30℃から275℃までのどの温度においても，BCl_3/Cl_2 の流量比を最適化することにより，無限大の HfO_2/SiO_2 選択比が得られている。無限大の選択比は表面に BCl_xO_y が堆積することにより得られると考えられる。

もう1つ注意しなくてはいけないのはLaの残渣である。上述したように，N型MOSトランジスタ側ではHigh-k膜の上にLaOキャップが用いられる。Laの反応成生物は不揮発性であるため残渣の原因になることが多い。この残渣は通常ドライエッチング後のウェット洗浄で除去する。このときドライエッチングとウェット洗浄の間の放置時間が長すぎると残渣が取れにくくなる[12]。したがって，ドライエッチング後は速やかにウェット洗浄することが必要である。**図6-16**にウェット洗浄が適切であったときとそうでなかったときの結果を示す[10]。このようにして得られた最終的なエッチング形状を**図6-17**に示す[10]。ゲート電極はPoly-Si/TiNの積層膜である。Siリセスがゼロの垂直なエッチング形状が得られている。

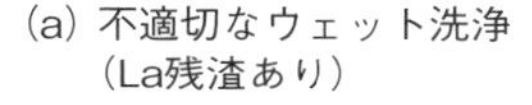

(a) 不適切なウェット洗浄
(La残渣あり)

(b) 適切なウェット洗浄
(La残渣なし)

図6-16　ウェット洗浄による La 残渣の除去[10)]

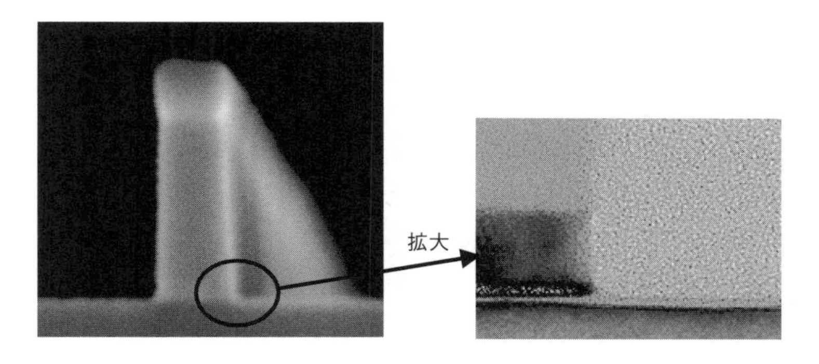

図6-17　メタルゲート / High-k エッチング形状[10)]

6.5 FinFET エッチング

22 nm ノードから，立体構造の FinFET が導入された[13)]。FinFET は**図 6-18** に示すように，薄膜の Si 層（フィン）を基板に対して垂直に形成し，その層をゲートで挟み込んだ構造になっている[15)]。ダブルゲート構造のためショートチャネル効果を抑制でき，ドレイン電流も大きくとることができるので，トランジスタの特性ばらつきを低減できるという特徴を持っている[14)]。22 nm ノードでは，ゲート長は 26 nm 程度であり，

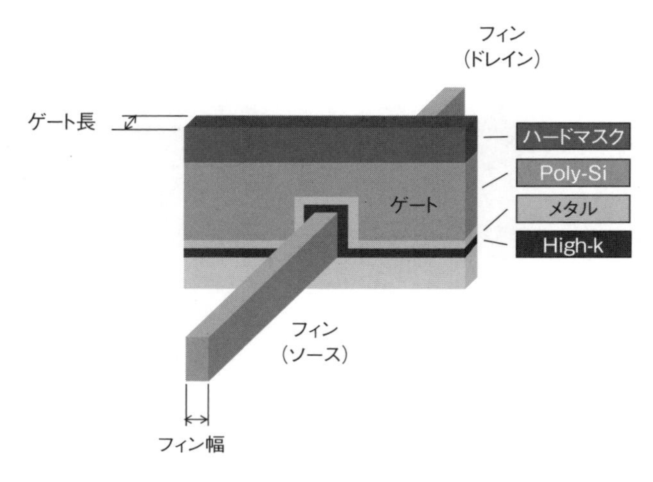

図6-18　FinFET の構造[15)]

フィンの幅は8nm程度である。FinFETにおけるゲートエッチングでは，高段差部でエッチ残りを生じやすいため，きわめて難易度が高い。

図6-19 に FinFET におけるメタルゲート/High-k エッチングのプロセスフローを示す[15)]。(1) は Poly-Si エッチング前の状態を示す。(2) まずメインエッチでは，非常に異方性の強いプロセスで80nm あった Poly-Si を60nm ほどエッチングし，TiN が露出する前に止める。エッチング量は光の干渉を用いた深さモニターで精密に制御する。この工程で Poly-Si の形状はほぼ決定される。(3) バイアスを上げ，同時に側壁保護膜を強化するようにガス比を調整し，Poly-Si/TiN = 20 程度の選択比の高いプロセスで50 ～ 60nm 相当の Poly-Si エッチングを行う。このときフィンに沿って Poly-Si のストリンガー状の残りが生じる。(4) オーバーエッチプロセスでは，等方性成分を加え，さらに高い Poly-Si/TiN 選択比プロセスでフィンに沿った Poly-Si 残りをエッチオフする。(5) 異方性の強いエッチングで TiN を途中までエッチングし，次に等方性成分を入れた TiN/High-k 高選択比プロセスで TiN をエッチングする。(6) High-k 膜をドライエッチングで途中までエッチングした後，

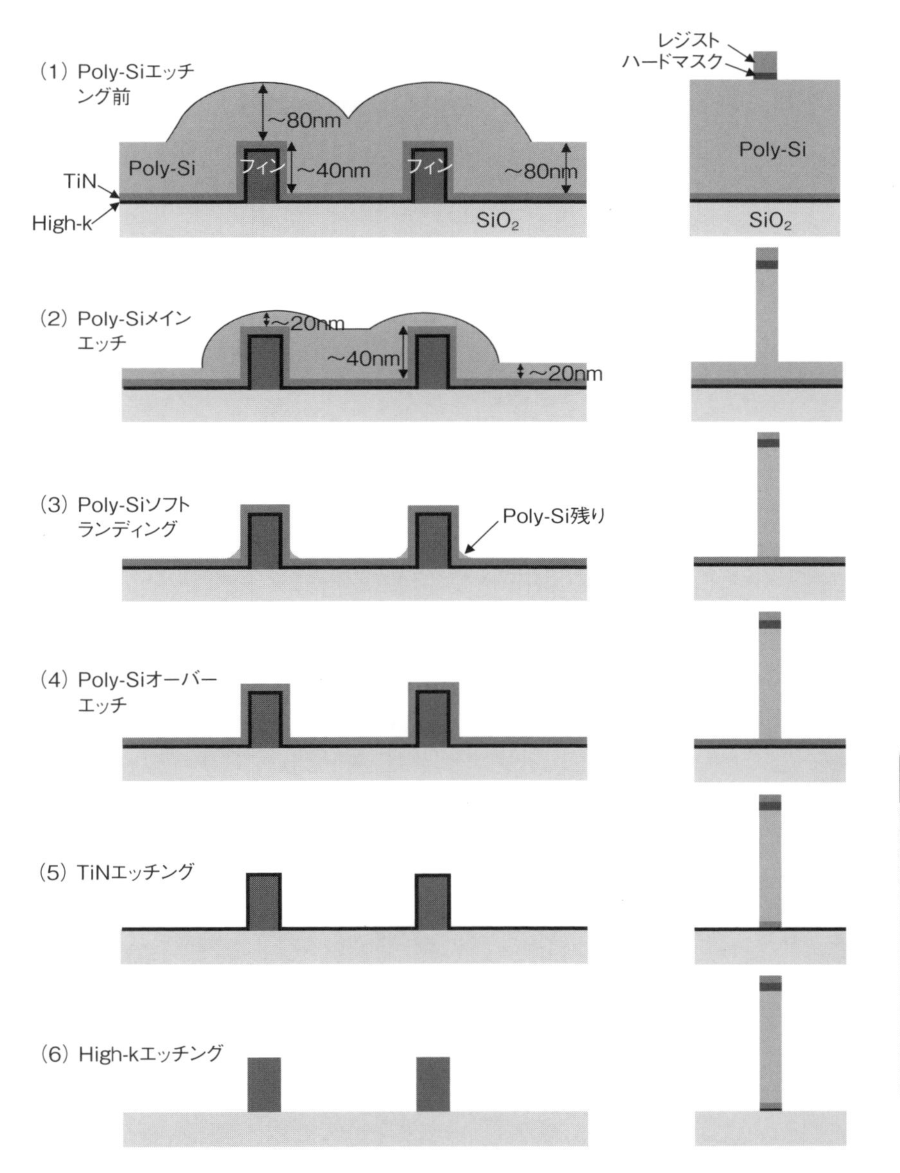

図6-19　FinFETにおけるメタルゲート/High-kエッチングプロセスフロー[15)]

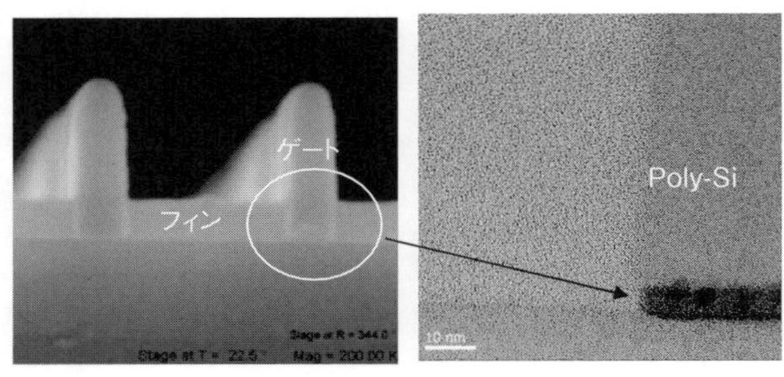

(a) ゲート断面

(b) フィン断面

図6-20　FinFET におけるメタルゲート/High-k のエッチ形状[15)]

ウェットエッチングで残ったHigh-k膜を除去する。ウェットエッチングでは下地 SiO_2 との高い選択比が得られる。**図6-20** にエッチング結果を示す[15)]。垂直なゲートエッチング形状が得られており（図6-20(a)），フィンに沿ったエッチ残りもない（図6-20(b)）。

6.6 マルチパターニング

リソグラフィ技術における解像度は露光に用いる光の波長に比例する。すなわち，より微細なパターンを形成するには波長の短い光源を用いる必要がある。現在量産に使われている，最も微細なパターンを形成できるリソグラフィ技術は，ArF液浸リソグラフィ技術である。これはArFエキシマレーザー（波長：193 nm）を光源に用い，レンズとウェハの間に水などの液体を満たすことにより屈折率を上げ，より微細なパターンが形成できるようにした技術である。しかしながら，22 nm ノード以下ではこの ArF 液浸リソグラフィ技術を持ってしてもパターン形成は難しい。次世代のリソグラフィ技術として位置付けられる EUV（Extreme Ultraviolet）リソグラフィ技術は，光源に 13 ～ 14 nm 領域の軟 X 線を用いる露光技術であり，ロジックデバイスに一部適用されている。しかしながら，EUV リソグラフィ技術には数多くの課題があり，本格量産には至っていない。そこで登場したのがマルチパターニング技術である。

❶ SADP

最初に，パターン密度を 2 倍にするダブルパターニングについて述べる。ダブルパターニングにはいくつかの方式があるが，最も多く使われているのはセルフアラインスペーサー方式である。これは異方性エッチングの特性を巧みに応用した微細マスクパターン形成技術である。この方式においては，あらかじめ形成したコアパターンの側壁にスペーサーを形成し，引き続きコアパターンを除去する。その結果スペーサーのみが残り，このスペーサーが所望の最終構造を決めるのに使われる。各々のコアパターンの両側に 2 つのスペーサーがあるため，パターン密度は 2 倍になる。この方式は SADP（Self-Aligned Double Patterning）と呼ばれている。

図 6-21 に SADP のプロセスフローを示す。(1) まず Si 基板上にハードマスクフィルム，コアフィルムを堆積し，その上にリソグラフィ技術でレジストパターンを形成する。(2) 次にコアフィルムをエッチングしてコアパターンを形成する。(3) コアパターンをサイドエッチングしパターンを細らせる（トリミング）。(4) コアパターン上に側壁フィルムを堆積する。(5) 異方性エッチングで側壁フィルムをエッチングすると側壁スペーサーが形成される。(6) コアパターンを除去して側壁スペーサーを残す。このとき，側壁スペーサーのピッチは (1) のレジストパターンのピッチの 1/2 になっていることが分かる。すなわち，(1) のレジストパターンのピッチが 80 nm（40 nm ライン/40 nm スペース）

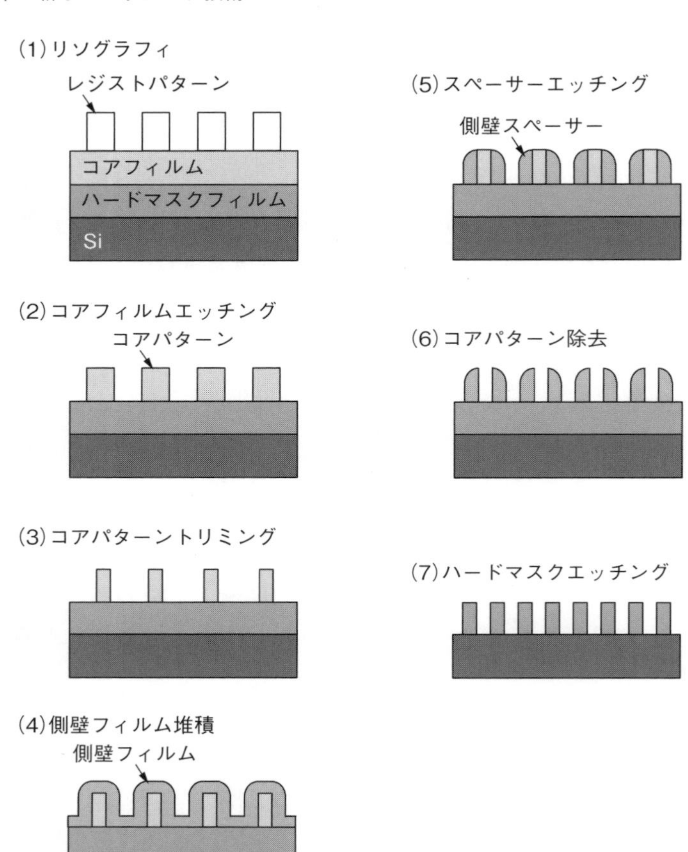

図6-21　SADPのプロセスフロー

の場合，(6) で得られた側壁スペーサーのピッチは 40 nm（20 nm ライン/20 nm スペース）になる。(7) この側壁スペーサーをマスクに，下地のハードマスクフィルムをエッチングするとオリジナルのパターンの 1/2 のピッチのパターンが得られる。このように SADP ではリソグラフィの解像限界の 1/2 のラインアンドスペースパターンを形成することができる。

コアフィルムおよび側壁フィルムの材料は，コアパターンを除去するときにスペーサーとの選択比を十分取れるように，かつ下地膜との選択比を考慮して選ばれる。たとえば，コアフィルムにSiO_2，側壁フィルムにアモルファスSiの組み合わせ，あるいはコアフィルムにレジスト，側壁フィルムにSiO_2，などの組み合わせが用いられる。コアパターンがレジストの場合，レジストは耐熱性が低いため，側壁フィルムのSiO_2は低温で形成する必要がある。

以上示したプロセスフローから分かるように，SADPでは仕上がり寸法*CD*はコアパターンの形成およびスペーサー形成で決定されるため，

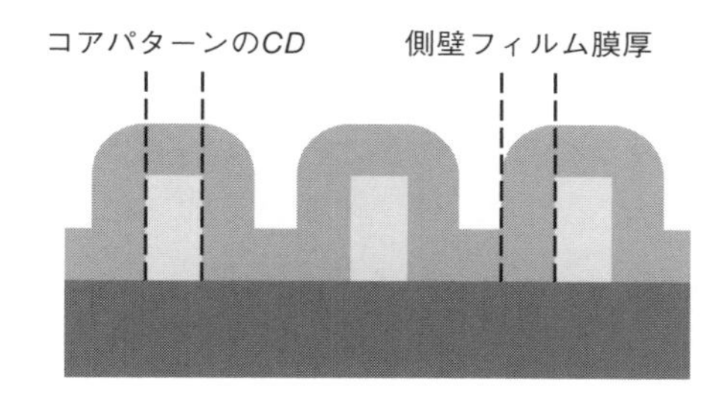

図6-22　SADPではコアパターンのエッチング寸法と側壁フィルムの膜厚が仕上り寸法*CD*を決定する

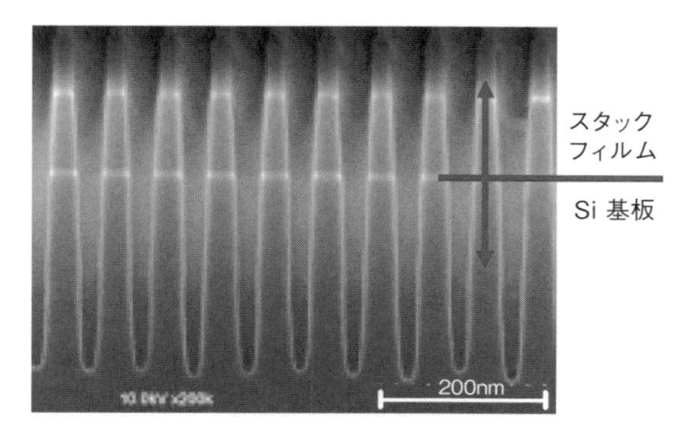

図6-23　SADPで形成した32nmラインアンドスペース[16)]

側壁フィルムの堆積および各ステップでのエッチングの制御が非常に重要である（**図 6-22**）。**図 6-23** に SADP を用いて形成した 32 nm ライン/32 nm スペースの STI の断面 SEM 写真を示す[16]。

2 SAQP

セルフアラインスペーサー方式の一つの特徴は，原理的に，スペーサー形成とパターン転写ステップを繰り返すことにより，パターン密度を限りなく 2 倍にできることである。たとえば，ダブルパターニングを 2 回繰り返すことにより，ピッチを元の 1/4 にすることができる。これはクワッドパターニングと呼ばれ，セルフアラインスペーサー方式のクワッドパターニングのことを SAQP（Self-Aligned Quadruple Patterning）と呼んでいる。**図 6-24** にプロセスフローを示す。(1) まずコアパターン 1 を形成する。(2) 次にコアパターン 1 上に側壁フィルム 1 を堆積する。(3) 異方性エッチングで側壁フィルム 1 をエッチングし，側壁スペーサー 1 を形成する。(4) コアパターン 1 を除去して側壁スペーサー 1 を残す。(5) この側壁スペーサー 1 をマスクに下地膜をエッチングし，コアパターン 2 を形成する。(6) コアパターン 2 上に側壁フィルム 2 を堆積する。(7) 異方性エッチングで側壁フィルム 2 をエッチングし，側壁スペーサー 2 を形成する。(8) コアパターン 2 を除去して側壁スペーサー 2 を残す。(9) この側壁スペーサー 2 をマスクに，下地のハードマスクフィルムをエッチングするとオリジナルのパターンの 1/4 のピッチのパターンが得られる。

193 nm の ArF 液浸リソグラフィ技術を使った場合，**図 6-25** に示すように，SADP は 40 nm ピッチ（20 nm ライン/20 nm スペース）のパターン形成が可能であるのに対し，SAQP は 20 nm ピッチ（10 nm ライン/10 nm スペース）のパターン形成が可能である。SADP や SAQP は，たとえば FinFET のフィン，多層配線のラインアンドスペース，メモリデバイスのビットラインやワードライン形成などに使われる。SAQP を mid-1x nm のフラッシュメモリのワードライン形成に適用した例が報告されている[17]。

(1)コアパターン 1 形成

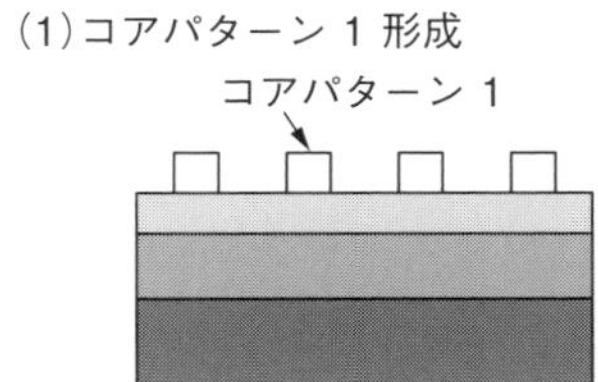

(2)側壁フィルム 1 堆積

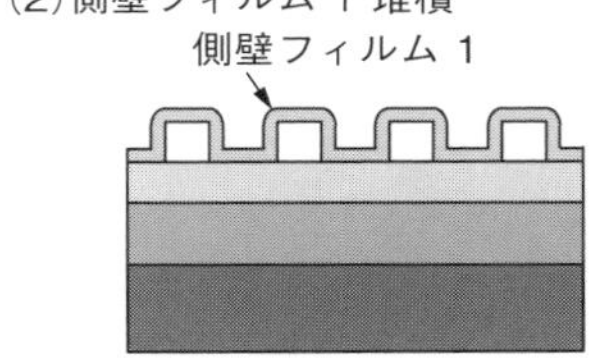

(3)スペーサーエッチング 1

側壁スペーサー 1

(4)コアパターン 1 除去

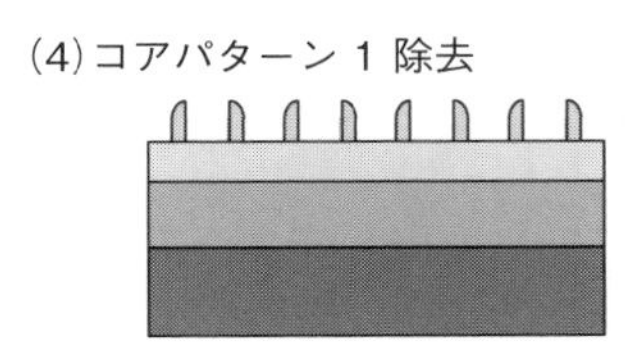

(5)コアパターン 2 形成

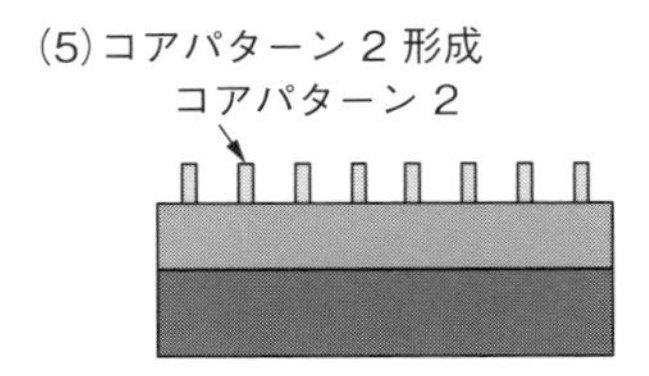

(6)側壁フィルム 2 堆積

側壁フィルム 2

(7)スペーサーエッチング 2

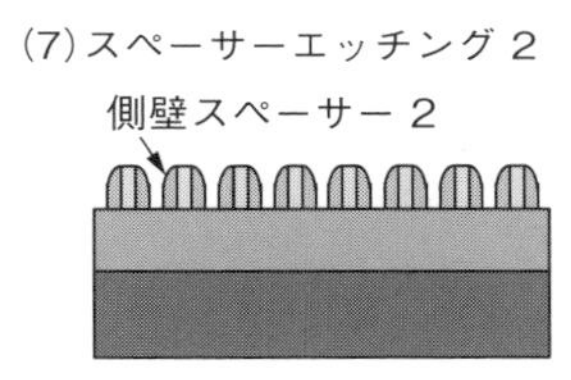

(8)コアパターン 2 除去

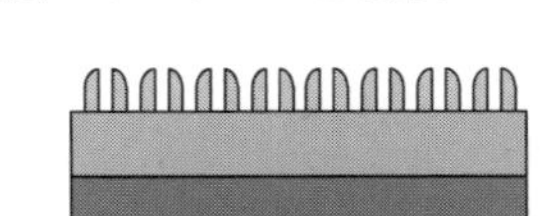
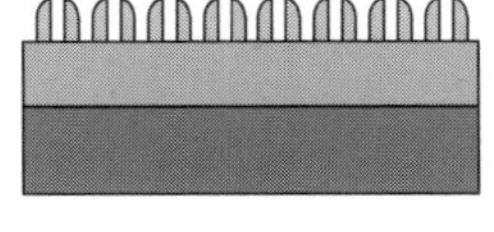

(9)ハードマスクエッチング

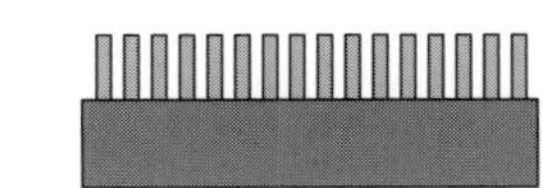

図6-24 SAQPのプロセスフロー

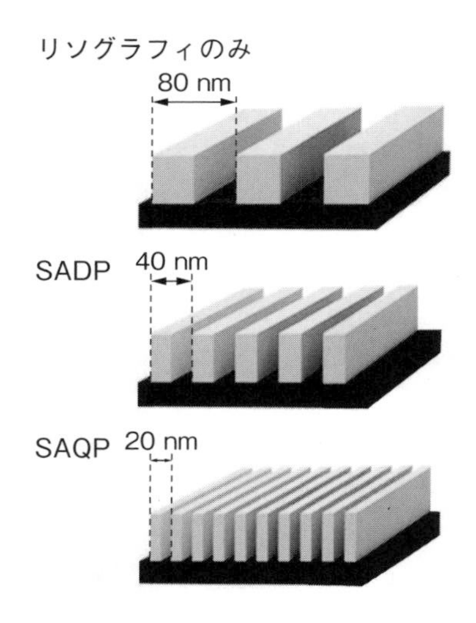

図6-25　193 nmのArF液浸リソグラフィ技術を用いた場合，SAQPにより，20 nmピッチ（10 nmライン/ 10 nmスペース）のパターン形成が可能である

SADPやSAQPでは，前述したように側壁フィルムの堆積および各ステップでのエッチングが仕上がりの*CD*を左右する。したがって，*CD*のばらつきを抑えるためには，側壁フィルムの堆積とエッチングステップの変動を最小に抑えることが重要である。側壁フィルムの堆積ステップでは被覆性が良く，極めて均一で高品質な膜を成膜することが要求される。たとえば20～30 nmの膜厚に対して許容されるウェハ面内の膜厚変動は数Åである。これを実現するために原子レベルで反応を制御する技術，即ちALD（Atomic Layer Deposition）が用いられている。SADP，SAQPいずれのマルチパターニング方式においても，エッチングが繰り返し用いられるが，エッチングのパスが増えるほど*CD*のばらつきは大きくなる。対策として，3章の3.1 ❷で述べたウェハ面内の温度分布を調整できるチューナブルESCが使われる。また，側壁フィルムの堆積やエッチングの個々のユニットプロセスの均一性が良くても，組み合わせるとばらつきが大きくなることがある。その場合もチューナブルESCを使うことにより，これを相殺して均一性を改善するこ

とができる。

6.7 3D NAND/DRAM用高アスペクト比ホールエッチング

図6-26はDRAMの断面構造を示すものである。DRAMではキャパシタセルやHARC（High Aspect Ratio Contact）と呼ばれるコンタクトホールのように，アスペクト比（深さ/孔径）が非常に大きいホールをエッチングする技術が要求される。同様な高アスペクト比ホールのエッチングはフラッシュメモリでも要求される。フラッシュメモリは集積度を上げるため，従来のプレーナータイプから**図6-27**に示すようなメモリセルアレイを3次元に積層した3D NANDへと移行している。3D NANDではSiO_2とSi_3N_4の薄膜を交互に何十層にも渡って積層した後，この積層膜にアスペクト比の非常に大きいメモリホールを形成する。現在量産されている96層の3D NANDではメモリホールのアスペクト比は60以上であり，マスクも含めるとアスペクト比はさらに大きくなる。

3D NANDやDRAMの高アスペクト比ホールのエッチングにはSiO_2エッチャーが用いられる。**図6-28**にエッチングの技術課題を示す。エ

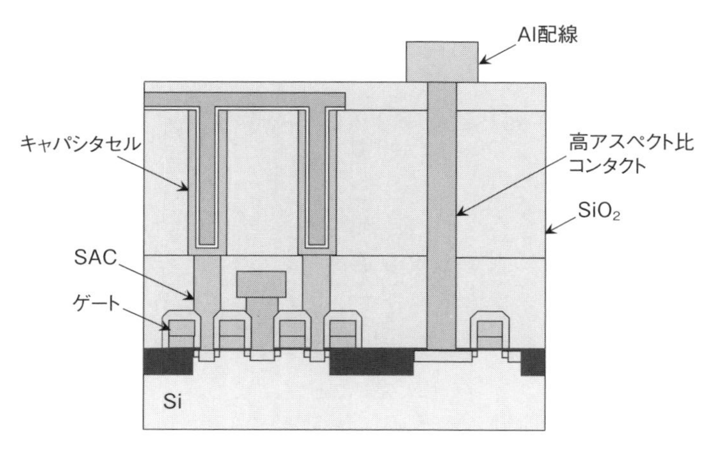

図6-26　DRAMの断面構造

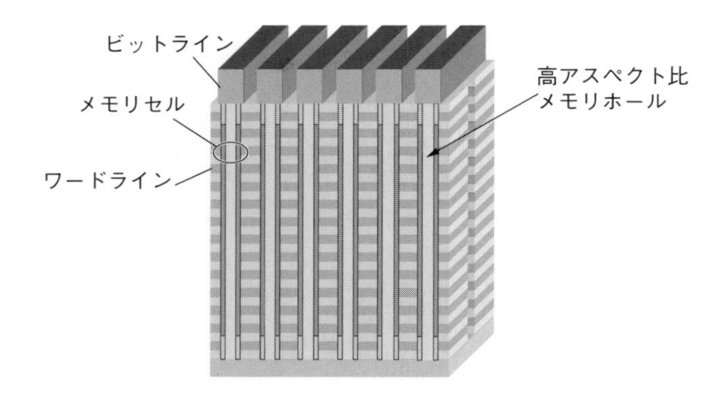

図6-27　3D NAND フラッシュメモリの構造

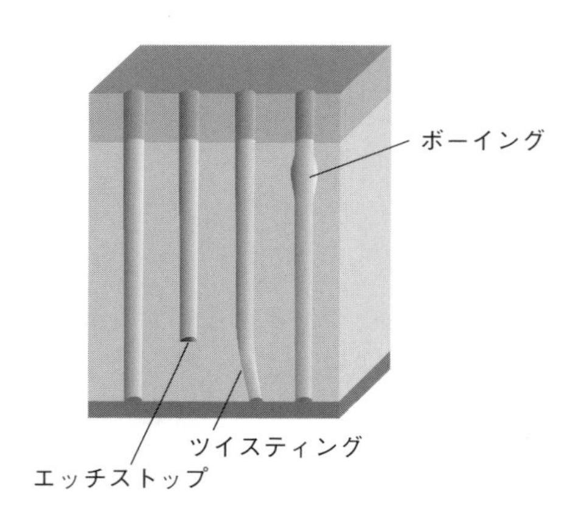

図6-28　高アスペクト比ホールエチングに
おける技術課題

ッチストップやツイスティングを防ぐには，高エネルギーのイオンをホールの深部まで十分に到達させる必要がある。そのためには**図 6-29**(b)に示すように入射イオンの角度分布を狭くする必要がある。入射イオンの角度分布を狭くするために第一に必要とされることは，低圧領域を使うということである。2 章の 2.2 ❷で述べたように，圧力を下げることによりイオンの衝突が減るからである。またイオンの加速電圧を大きくすることも入射イオンの角度分布を狭くするのに効果がある。イオンの

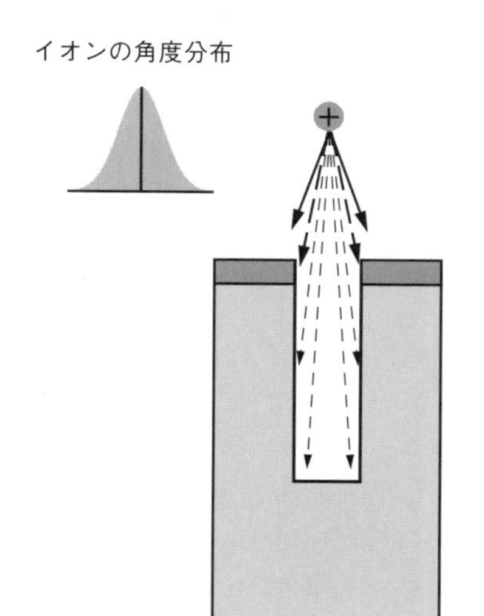

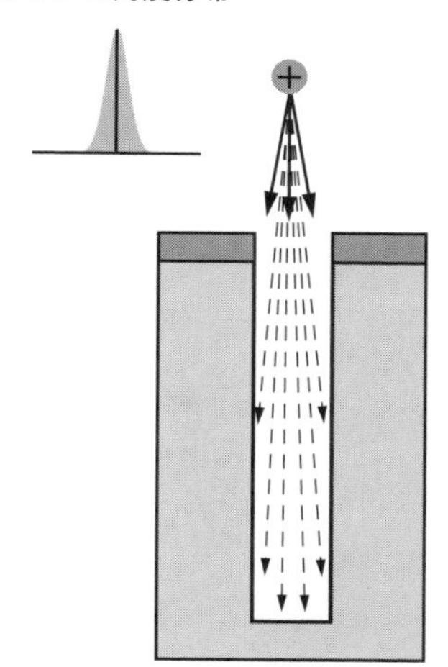

(a)入射イオンの角度分布が広い場合　(b)入射イオンの角度分布が狭い場合

図6-29　高アスペクト比ホールエチングの対応策[20]

加速電圧を大きくしてイオンエネルギーを高めるには低周波・高パワーのRF電源を使うと良い。RF周波数を下げてやるとイオンがRF周波数に追従できるようになるため，イオンエネルギーはV_{dc}に加え，V_{pp}にも依存するようになる[18]。そのため低周波では高いイオンエネルギーを得ることができる。最近では800 kHz以下の周波数が使われるようになってきている。

ボーイングはホールの途中にサイドエッチングが入り，形状が樽型になってしまう現象のことを言う。メカニズムを**図6-30**に示す[19]。ボーイングはイオンがマスク端で反射し，ホールの壁にあたることによって生ずる。壁面へのポリマーの堆積を考えると，CF_2は付着係数が0.004と小さいため，壁での反射を繰り返しながら底部まで到達するが，Cは付着係数が0.5と大きいため，レジストマスクやホール上部にポリマーを形成する[19]。ホール上部に堆積したポリマーは図に示すように，イオン反射の要因ともなる。対策としては，まず，プラズマ中のCF_2濃度

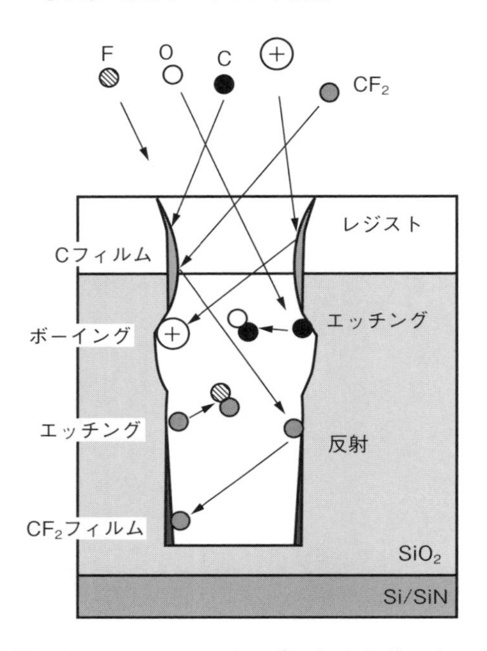

図6-30　HARC エッチングにおけるボーイングの発生メカニズム[19]

図6-31　3D NAND の高アスペクト比メモリホールのエッチング例[20]

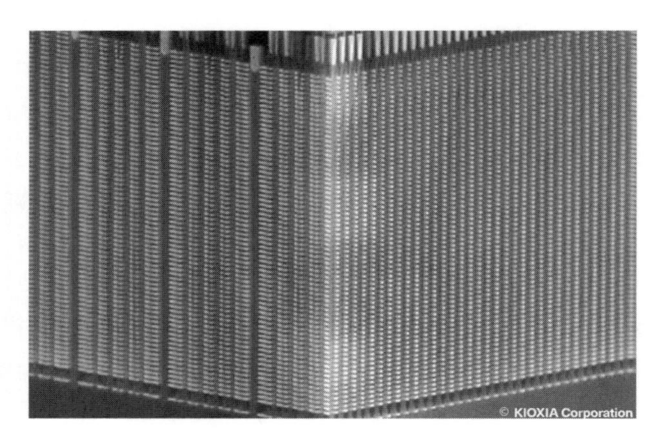

図6-32　3D NAND フラッシュメモリ（BiCS FLASH）
（写真提供：キオクシア株式会社）

を上げ，CF_2によるポリマーを厚くすることによりサイドエッチングを防止する。方法は3章の3.2 **2**で述べたとおりである。次にウェハの温度を上げることにより，Cの付着確率を下げ，Cもホール内に入って行くようにする。以上のような条件設定を行うことによりボーイングを防ぐことができる[19]。**図6-31**に3D NANDの高アスペクト比メモリホールのエッチング例を示す[20]。エッチストップ，ツイスティング，ボーイングの無いエッチング形状が得られている。実際の3D NANDフラッシュメモリのSEM写真を**図6-32**に示す。メモリセルアレイが3次元に積層され，あたかも超高層ビルを思わせるような構造となっている。

6.8 3D IC用エッチング技術

次世代のリソグラフィ技術であるEUVリソグラフィ技術は本格量産への適用が大幅に遅れており，リソグラフィ技術がデバイスの微細化を律速するようになってきている。微細化をドライブする技術として前述のマルチパターニング技術が実用化されているが，工程数が多いために製造コストが高くなるという問題点がある。またEUVリソグラフィ技術が本格的に量産に適用されたとしても装置価格が非常に高く，そのまま製造コスト増大に跳ね返ってくる可能性がある。

一方，デバイスの電気的特性からも微細化の限界が指摘されている。たとえばロジックデバイスのトランジスタでは寸法ばらつきによるトランジスタ特性のばらつきが無視できない領域に入ってきている。

以上のような問題点を打開する技術として，LSIの3次元化すなわち3D IC（Three Dimensional Integrated Circuit）の研究が盛んに行われている[21), 22)]。これは**図6-33**に示すように，複数のチップを積層することにより集積度を上げる技術である。DRAMやフラッシュのようなメモリでは，複数のメモリチップを積層して集積度を上げる。システムLSIでは従来SoC（System on Chip）と言って，1つのチップ上にロジックやメモリなどの異種のデバイスを作り込んでいるが，3D ICではロ

図6-33　チップ積層による 3D IC

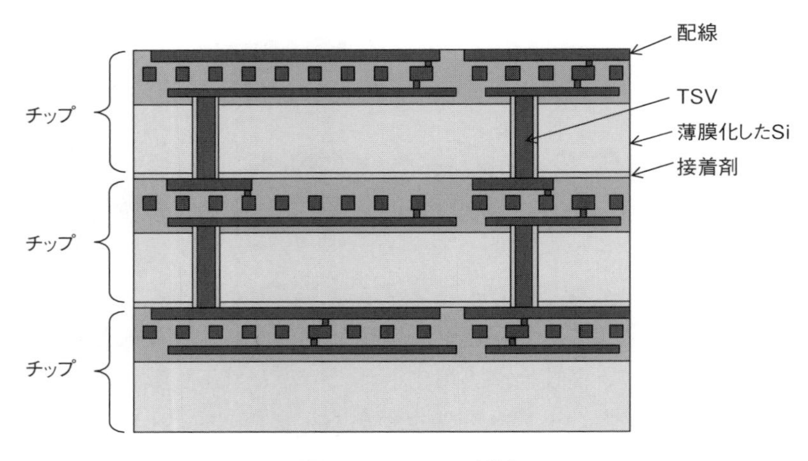

図6-34　3D IC の構造

ジックチップ，メモリチップを積層してシステム LSI を作る。**図 6-34** に 3D IC の断面構造を示す。

3D IC ではチップとチップを接続するのに TSV（Through Silicon Via：Si 貫通ビア）が用いられる。この TSV は 50 μm ～ 100 μm 程度と深いため，TSV を形成するためのエッチングは，ディープ Si エッチングと呼ばれる。TSV のエッチングには一般的にボッシュ（Bosch）プロセスと呼ばれるエッチング方式が用いられる。ボッシュプロセスはポリマーの堆積と Si のエッチングを交互に繰り返す方式であり，側壁保護プロセスの一種である。2 章 2.3.❸で述べたように，側壁保護プロセスではポリマーの堆積とエッチングが同時に進行するが，ボッシュプロセスでは，ポリマーの堆積とSiのエッチングを交互に行う。プロセスフローを**図6-35**に示す。(1) まず，SF_6でSiをある深さまでエッチングする。(2)次にC_4F_8によりポリマーを堆積させ，Si表面を保護する。(3)底面のポリマーをエッチングして除去し，引き続きSiをエッチングする。このとき側壁にはポリマーが残り，ラジカルのアタックを防ぐ。以下このステップを繰り返し，TSVを形成する。ポリマーの堆積とエッチングの時間は一般的に1秒前後である。ボッシュプロセスでは側壁に

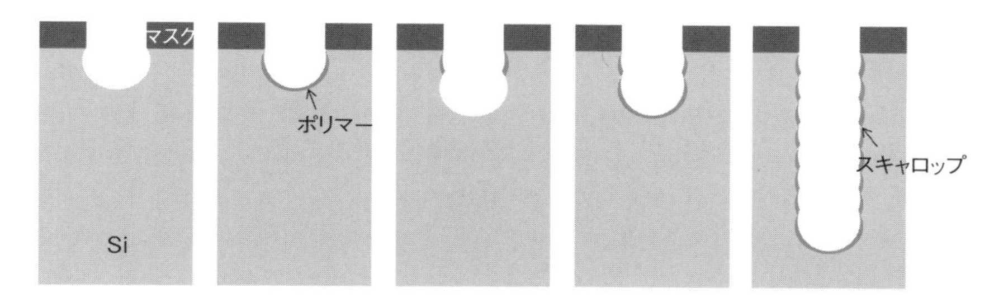

図6-35 ボッシュ（Bosch）プロセス

図6-36 ボッシュプロセスで形成した
TSVのエッチング形状[23)]

スキャロップと呼ばれる波状の荒れが生じる。スキャロップという名称は帆立貝に由来するものである。TSVエッチングにおいてはこのスキャロップを極力小さくすることが必要である。そのためには，ポリマー堆積・エッチングの時間を短くしたり，Siエッチング時のサイドエッチング量を減らす策が有効である。**図6-36**にボッシュプロセスで形成した，孔径5μm，深さ40μmのTSVの断面SEM写真を示す[23)]。スキャロップはほとんど目立たない状態に仕上がっている。

〔参考文献〕

1) M. T. Bohr：Tech. Dig. Int. Electron Devices Meet., p.241（1995）.
2) S. Uno, T. Yunogami, K. Tago, A. Maekawa, S. Machida, T. Tokunaga & K. Nojiri：Proc. Symp. Dry Process, p.215（1999）.
3) S. Machida, A. Maekawa, T. Kumihashi, T. Furusawa, K. Tago, T. Ynogami, T. Tokunaga & K. Nojiri：Tech. Dig. Advanced Metallization Conf.：Asian Session, p.19（1999）.
4) T. Furusawa & Y. Homma：Ext. Abstr. Int. Conf. Solid State Devices & Materials, p.145（1996）.
5) H. W. Thompson, S. Vanhaelemeersch, K. Maex, A. V. Ammel, G. Beyer, B. Coenegrachts, I. Vervoort, J, Waeterloos, H. Struyf, R. Palmans & L. Forester：Proc. Int. Interconnect Technol. Conf., p.59（1999）.
6) M. Fukasawa, T. Hasegawa, S. Hirano & S. Kadomura：Proc. Symp. Dry Process, p.175（1998）.
7) M. Ikeda, H. Kudo, R. Shinohara, F. Shimpuku, M. Yamada & Y. Furumura：Proc. Int. Interconnect Technol. Conf., p.131（1998）.
8) K. Mistry, et al.：Tech. Dig. Int. Electron Devices Meet., p.247（2007）.
9) K. Choi, et al.：Tech. Dig. Symp. VLSI Technology, p.138（2009）.
10) G. Kamarthy, I. Orain, Y. Kimura, A. Kabansky, A. Ozzello & L. Braly：Proc. Symp. Dry Process, p.47（2009）.
11) 斧高一，高橋和生，江利口浩二：J. Plasma Fusion Res., **85**, 185（2009）.
12) K. Nojiri, G. Kamarthy & A. Ozzello：SEMI Technology Symposium（2009）.
13) C. Auth, et al.：Tech. Dig. Symp. VLSI Technology, p.131（2012）.
14) 川崎博久：応用物理，第79巻，第12号，p.1103（2010）.

15) G. Kamarthy, G. Lo, I. Orain, Y. Kimura, R. Deshpande, Y. Yamaguchi, C. Lee, & L. Braly：Proc. Symp. Dry Process, p.43 (2009).
16) K. Yahashi, M. Ishikawa H. Oguma, M. Omura, S. Takahashi, M. Iwase, H Hayashi, I. Sakai, M. Hasegawa & T. Ohiwa：Proc. Symp. Dry Process, p.279 (2008).
17) J. Hwang, et al：Tech. Dig. Int. Electron Devices Meet., p.199 (2011).
18) K. Nojiri and E. Iguchi：J. Vac. Sic. & Technol. B **13**, 1451 (1995).
19) N. Negishi, M. Izawa, K. Yokogawa, Y. Momonoi, T. Yoshida, K. Nakaune, H. Kawahara, M. Kojima, K, Tsujimoto and S. Tachi：Proc. Symp. Dry Process, p.31 (2000).
20) K. Nojiri：Advanced Metallization Conference Tutorial, p.92 (2017).
21) R. Dejule：Semiconductor International, p.14, May (2009).
22) P. Marchal & M. V. Bavel：Semiconductor International, p.24, August (2009).
23) C. Rusu：55th Int. Symp. America Vacuum Society, PS2-FrM5 (2008).

7章 アトミックレイヤーエッチング（ALE）

デバイスの高集積化が進むにつれ，ドライエッチングに課せられる要求はますます厳しくなってきている。ロジックデバイスではFinFETが既に実用化されており，次世代デバイスとしてGAA（Gate All Around）が検討されている[1]。パターンサイズは10 nmを切っており，原子数にすると数10原子のレベルである。また，寸法ばらつきの許容値は数原子レベルとなり，原子スケールの加工精度が要求されるようになってきている[1]。このような背景のもと，アトミックレイヤーエッチング（ALE：Atomic Layer Etching）が盛んに研究されており[2)-4)]，10 nmのロジックデバイス製造に一部使われ始めている。

原子レベルで反応を制御するALEは30年以上前から研究されている。最初のレポートは1988年のYoderの特許[5]に遡ることができる。研究は1990年代に一つのピークを迎えたがその後下火になり，2014年頃から再び活発になってきた。本章ではALEの原理から応用まで詳細に解説する。

7.1 ALEの原理

2章で述べたように，ドライエッチングはラジカルとイオンの相互作用によって進行する。すなわちウェハ表面に吸着したラジカルにエネルギーを持ったイオンが照射されることにより反応が促進され，エッチングが進行する。しかしラジカルのウェハ表面への吸着とイオン照射は同時に起こっており，独立に制御することができないため，原子スケールの加工精度を得ることは極めて困難である。また，イオンとラジカルが同時にかつ連続的にウェハ表面に作用するため，ウェハ表面で結晶の乱れを生じる[6]。それに対しALEではラジカルのウェハ表面への吸着とイオン照射を独立に制御できるため，従来のドライエッチングの限界を打破し，原子スケールの加工精度を実現できる技術として期待されている。

ALEの基本的なコンセプトは自己律速反応（Self-limiting Reaction）という特性を利用し，反応を各サイクルでリセットすることである。**図7-1**にSi ALEのプロセスシーケンスを示す[2]。ALEは連続した2つのステップ，改質ステップ（Modification Step）と除去ステップ（Removal Step）から成る。図7-1の例ではClの化学吸着が改質ステップに当たる。次にこのCl吸着層にArイオンを照射することにより，吸着したClとSiを反応させてSiをエッチングする。これが除去ステップである。方向性を持ったArイオンを使うことにより，異方性エッチングが可能になる。以上がALEの1サイクルであり，これを繰り返すことによりエッチングが進行する。図7-1のClの化学吸着は自己律速反応であり，表面に吸着層が形成されると反応は自動的に停止する。また除去ステップも自己律速反応である。なぜなら，吸着したClが全て消費されると

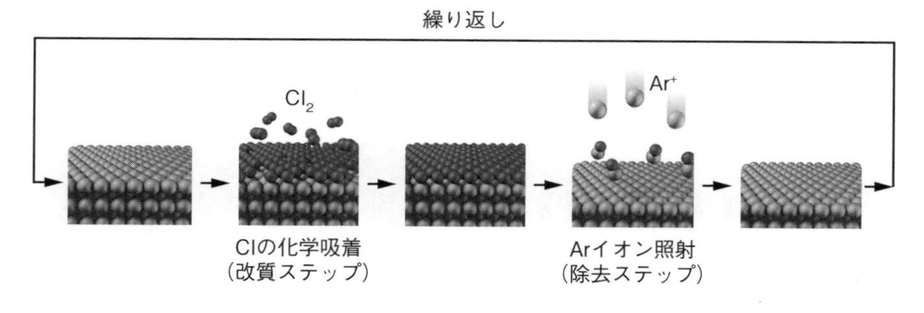

図7-1　Si ALEのプロセスシーケンス[2]

そこでエッチングが停止するからである。即ち ALE は基本的には自己律速のエッチングである。

7.2 ALE の特性

1 Si，GaN および W ALE のプロセスシーケンス

図 7-2 に Si，GaN および W（タングステン）ALE の実際のプロセスシーケンスを示す[4]。まず最初に Cl_2 をチャンバに導入する。ソースパワーを印加すると Cl_2 プラズマが生成され，Cl ラジカルがウェハ表面に供給される。これが改質ステップである。次に Cl_2 をパージし，Ar ガスを導入する。ソースパワーを印加すると Ar プラズマが生成される。バイアスパワーを印加することにより Ar イオンを加速し，ウェハ表面に

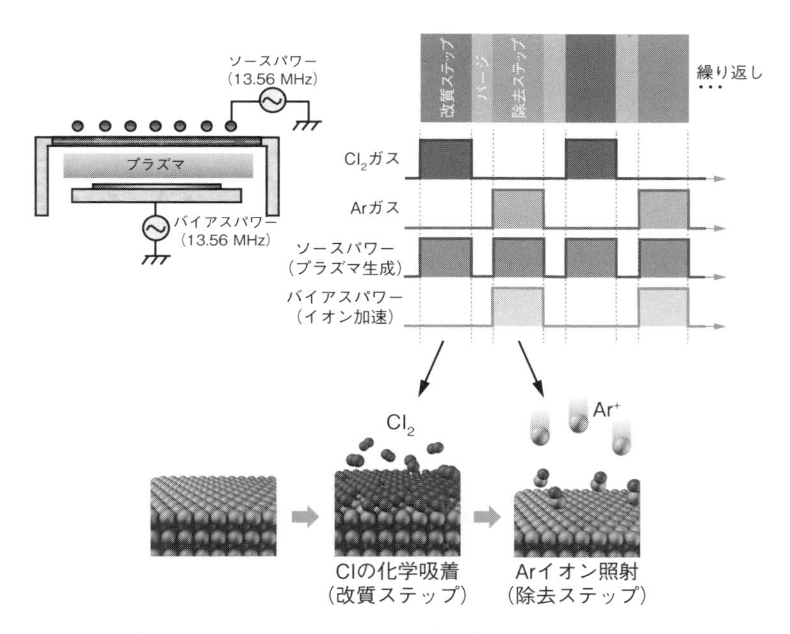

図7-2　Si，GaNおよびW ALEのプロセスシーケンス[4]

当てる。これが除去ステップである。以上がALEの1サイクルであり，このサイクルを繰り返すことによりエッチングが進行する。

2 自己律速反応

図7-3にW ALEにおける改質ステップと除去ステップの自己律速特性を示す[3)]。縦軸のEPC（Etch Per Cycle）は1サイクルでエッチングされる量のことである。改質ステップで試料をClラジカルに晒しただけではエッチング反応は起こらないため，EPCはほぼゼロになる。こ

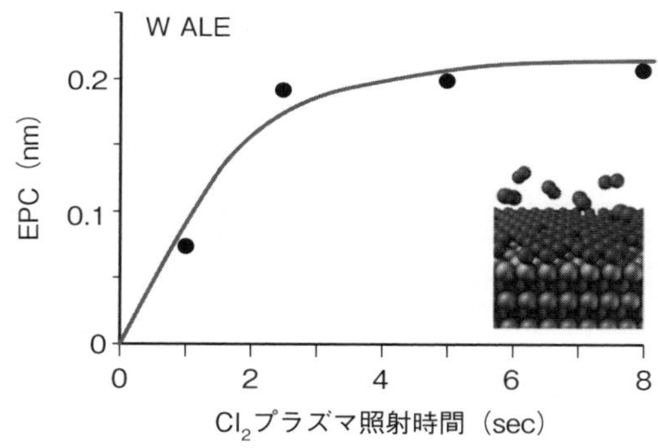

(a) 改質ステップ

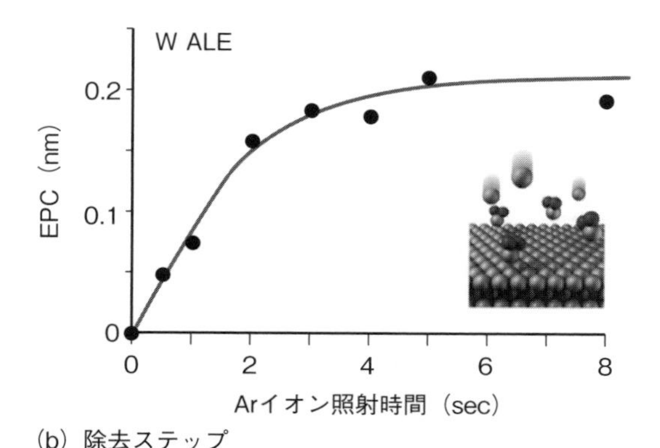

(b) 除去ステップ

図7-3　W ALEにおける改質ステップと除去ステップの自己律速特性[3)]

の実験では Cl_2 プラズマ処理時間を変化させたサンプルに除去ステップを施したのち EPC を測定している。すなわち図 7–3(a)は，間接的に Cl ラジカルの化学吸着反応の Cl_2 プラズマ処理時間依存性を示している。前述したように改質ステップに化学吸着を用いた場合，反応は自己律速になる。図 7–3(a)に示すように，W ALE では改質ステップの反応は約 2 秒で飽和しており，反応が自己律速であることが分かる。除去ステップでは吸着した Cl が全て消費されると反応が停止するため，反応はやはり自己律速となる。図 7–3(b)に示すように，W ALE では除去ステップの反応も約 2 秒で飽和しており，反応が自己律速であることが分かる。この時の EPC は 0.21 nm である。

3 除去ステップにおける EPC のイオンエネルギー依存性

図 7–4 は GaN ALE の除去ステップにおける EPC のバイアス電圧依存性を示すものである[7)]。改質ステップの時間は 2.5 秒，除去ステップの

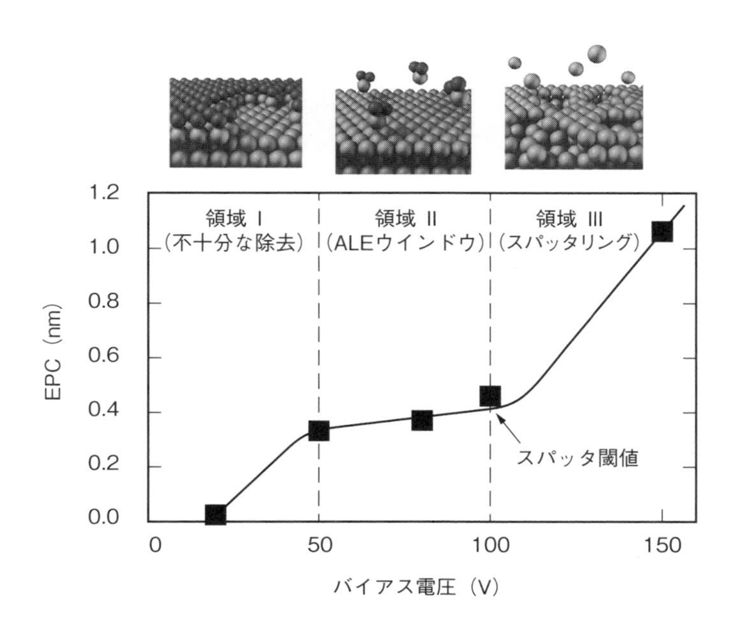

図7–4　GaN ALEの除去ステップにおけるEPCのバイアス電圧依存性[7)]

時間は5秒である。バイアス電圧はイオンエネルギーに相当する。図から3つの異なるプロセス領域が存在することが分かる。領域Ⅰ（0～50 V）ではEPCはバイス電圧とともに増加している。この領域ではイオンエネルギーが低すぎて，改質層の除去が不完全であることを示唆している。領域Ⅱ（50 V～100 V）ではEPCはバイアス電圧によらず一定である。このことは揮発性の反応生成物を形成するのに適切なエネルギーが与えられ，ALE特有の自己律速反応が起こっていることを示唆している。Arイオン照射によって形成された$GaCl_3$やN_2のような揮発性の反応生成物が表面から脱離することによりエッチングが進んでいると考えられる。この領域はALEウインドウと呼ばれており，この領域におけるEPCは改質層の深さにより決まる。領域Ⅲ（100 V以上）ではEPCは再びバイアス電圧とともに増加している。ここではイオンエネルギーが物理的なスパッタ閾値を越え，スパッタエッチングが起こっていることを示唆している。閾値の100 Vという値は実験的に得られた値[8)]，また分子動力学シミュレーション（Molecular Dynamics（MD）Simulation）で得られたエネルギーの報告値[9)]とよく一致している。

4 表面平滑性

エッチング後の表面状態を評価するため，SiをALEおよび通常のドライエッチングプロセスでエッチングし，高分解能の透過型電子顕微鏡およびAFMで観察した結果を**図7-5**に示す[10)]。エッチング量は約50 nmである。通常のドライエッチングでは非常に大きな面荒れが観察されるが，ALEでは表面は非常に滑らかである。AFMで測定した面粗さR_{RMS}は通常のドライエッチングの場合2.3 nmであるのに対し，ALEでは0.4 nmと非常に小さいことが分かる。ALEで非常に滑らかな面が得られるのは，自己律速反応で一層ずつエッチングして行くというALEの特徴によるものであり，従来のドライエッチングに比較して大きな優位点となっている。

最近，非常に興味深い実験結果が報告されている。それはALE後の表面の面粗さはALE前より改善されるという現象である[11)]。**表7-1**に

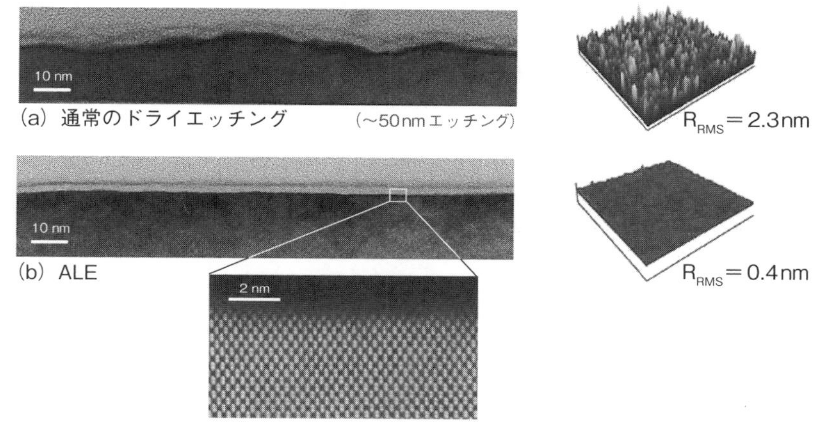

図7-5 Siエッチング後の高分解能透過型電子顕微鏡像およびAFM像[10)]

表7-1 ALEによる表面平滑化効果[11)]

材料	ALEサイクル	表面荒れ (R_{RMS})		R_{RMS} 改善率
		ALE前	ALE後	
GaN	60サイクル	0.8 nm	0.6 nm	25%
Ta	40サイクル	1.0 nm	0.7 nm	30%
Ru	100サイクル	0.8 nm	0.2 nm	75%

GaN, Ta, Ruのデータを示す。どの材料もALE後に面粗さが改善されているが，特にRuは改善効果が大きく，ALEを100サイクル繰り返すと面粗さが75%改善されている。このALEによる表面平滑化効果はALEの新しい利点として注目される。一般的に面荒れはデバイス特性に悪影響を及ぼすため，このALEによる平滑化の効果は10 nm以下のデバイス製造にとって大きな武器になると期待される。

7.3 ALE シナジー

GaN ALE におけるシナジーテスト結果を**図 7-6** に示す[7]。シナジー（Synergy）とは相乗効果のことである。実験はバイアス電圧 80 V で行っている。Cl の化学吸着のみでは EPC はゼロ，すなわちエッチングは全く起こっていない。また Ar スパッタ単独では EPC は 0.05 nm と非常に小さい。ところが，吸着 Cl に Ar イオンを照射すると 0.37 nm という大きな EPC が得られている。これは Ar イオンと吸着 Cl のシナジー効果であり，このことは異方性 ALE が可能であることを示唆している。この結果が 2 章の図 2-14 に示したイオンアシスト反応を説明する Coburn らの実験結果に酷似しているのは非常に興味深い。ALE シナジーは以下のように定義される[3]。

$$\text{ALE シナジー} = \frac{\text{EPC} - (\alpha + \beta)}{\text{EPC}} \times 100\ (\%) \qquad \cdots\cdots\cdots(7.1)$$

ここで α は改質ステップでエッチングされる量，β はイオン照射のみでエッチングされる量である。GaN ALE の例で言うと $\alpha = 0$ nm，$\beta =$

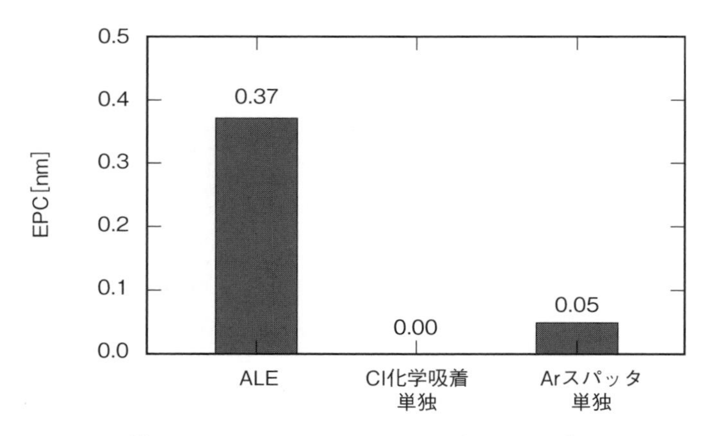

図7-6　GaN ALEにおけるシナジーテスト[7]

0.05 nm である。α，β ともにゼロのときが理想的な ALE であり，このとき ALE シナジーは 100％となる。Si および GaN の ALE シナジーは約 90％，W の ALE シナジーは約 95％である[3)]。

7.4 EPC およびスパッタ閾値を支配するパラメータ

ここでは EPC およびスパッタ閾値を支配するパラメータについて述べる。**図 7-7** は Si，Ge，SiO_2，C，GaN，W のスパッタ閾値および，Net EPC を表面結合エネルギーの関数としてまとめたものである[3)]。ここでスパッタ閾値は図 7-4 で説明したように，ALE ウインドウの上限

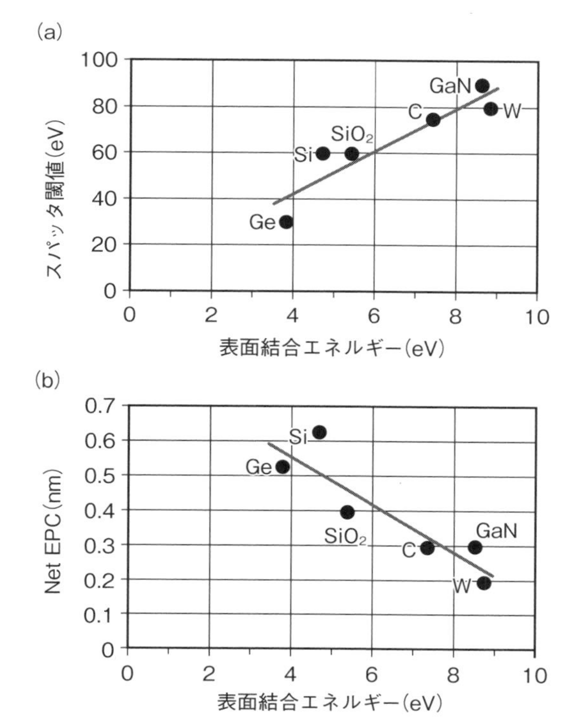

図7-7　スパッタ閾値，EPCと表面結合エネルギーの関係[3)]

値を指す。またNet EPCは前述したEPC－$(\alpha+\beta)$のことを指し，EPCから改質ステップにおけるエッチ量およびスパッタエッチの成分を除いた正味のEPCを表している。図からスパッタ閾値，Net EPCともに表面結合エネルギーと非常に強い相関関係があることが分かる。スパッタ閾値は表面結合エネルギーとともに増加する（図7-7(a)）。すなわち表面結合エネルギーが大きい材料はスパッタされにくく，閾値が大きくなる。これはスパッタイールド（スパッタ率）が表面結合エネルギーに逆比例するという報告と符合する[12]。このように表面結合エネルギーが大きい材料ほど，ALEウインドウがイオンエネルギーの大きい方に広がる。一方，Net EPCは表面結合エネルギーとともに減少する(図7-7(b))。このことは強い表面結合エネルギーを持つ材料は改質層が薄いことを示唆している。すなわち，強い表面結合エネルギーを持つ材料は改質されにくいことを意味している。

7.5 SiO_2 ALE

最後にSiO_2 ALEのSACエッチングへの応用について述べる。3章の3.2 **3**で説明したように，SAC（Self-Aligned Contact）エッチングとは，ゲート電極間にコンタクトホールを開口する時，エッチングのストッパとなるSi_3N_4膜でゲートを覆っておき，合わせずれが起こってもコンタクトホールとゲートがショートしないようにする技術である（図3-20参照）。これにより合わせマージンが拡大し，チップサイズの縮小が可能となる。SACエッチングで重要なことはSiO_2/SiN選択比を最大にすることである。しかし従来のドライエッチングでは**図7-8**に示すように，SiNスペーサーを保護するために厚いポリマーを堆積するとエッチストップが起こる（図7-8(a)）。一方，これを回避するためにポリマーを薄くすると，スペーサーのコーナーロスが起こる（図7-8(b)）。これらはトレードオフの関係にあり，従来のドライエッチングではこのトレードオフを克服するのは難しい。一方ALEでは改質ステップと除去ステップを独立に制御できるため，より幅広い条件設定が可能となり，このトレードオフを回避できる。以下 SiO_2 ALE の SAC エッチングへの適用について説明する。

図 7-9 に SiO_2 ALE のプロセスシーケンスを示す[3)]。SiO_2 ALE においては改質ステップにフロロカーボン（FC）ポリマーの堆積が用いられる。チャンバに C_xF_y ガスを導入した後にプラズマを生成し，FC ポリマーをウェハ表面に堆積させる。ポリマーの堆積膜厚は時間と共に増大する。したがって SiO_2 ALE の改質ステップは自己律速反応ではない。そのため SiO_2 ALE を Quasi-ALE と呼ぶこともあるが，本書では単に ALE と記すこととする。除去ステップには Ar イオン照射を用いる。Ar イオンを照射することにより，表面に堆積したポリマーと SiO_2 が反応してエッチングが進行する。そしてポリマーが反応し終わるとエッチ

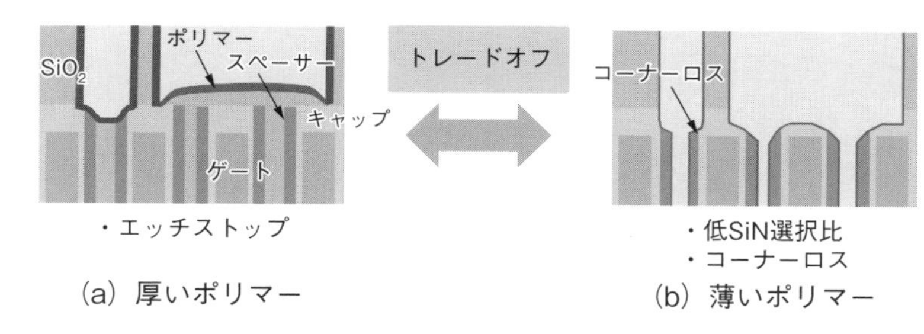

図7-8　通常のドライエッチングによるSACエッチングの問題点[1)]

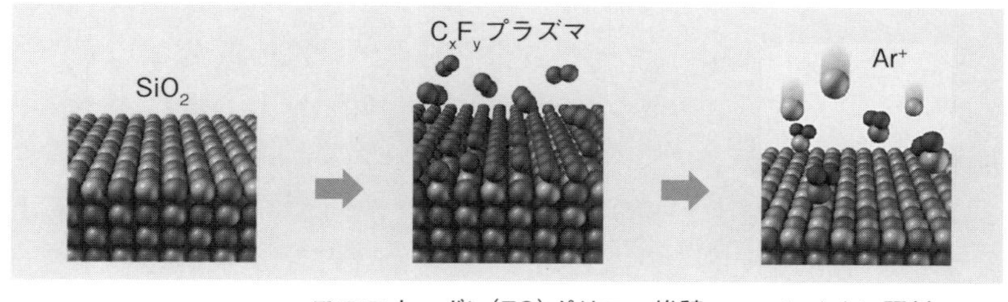

図7-9　SiO_2 ALEのプロセスシーケンス[3)]

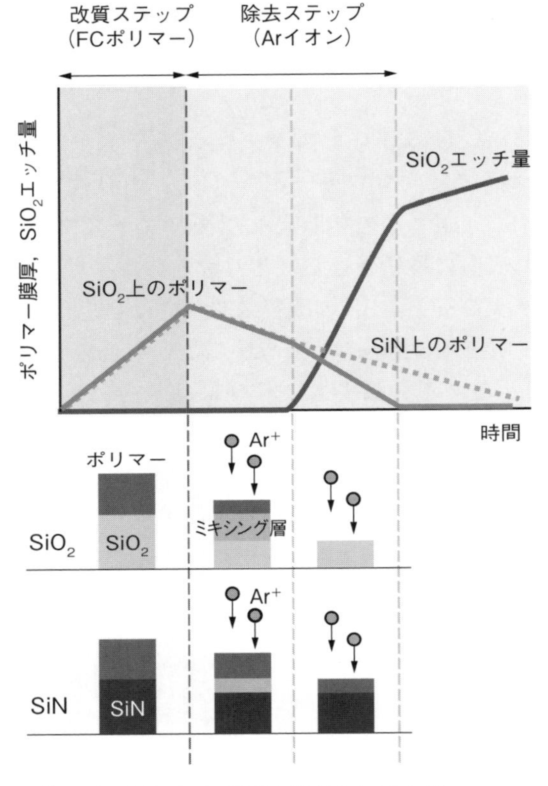

図7-10　SiO_2およびSiN ALEのモデル[13)]

ングは止まる。すなわち除去ステップは自己律速反応である。**図 7-10** は SiO_2 のエッチ量とポリマー厚さをプロセス時間の関数として表したものである[13)]。改質ステップの進行とともに SiO_2 上のポリマー膜厚は増加する。除去ステップに入ると堆積したポリマーと SiO_2 の境界にミキシング層が形成され，SiO_2 のエッチングが始まる。そして SiO_2 上のポリマーがすべて反応したところで ALE の 1 サイクルが終了する。その後も Ar 照射を続けるとわずかながら SiO_2 のエッチングが進行するが，これは物理的スパッタによるものである。SiO_2 の場合，フロロカーボンポリマーは SiO_2 からの酸素によって消費される。一方，SiN は

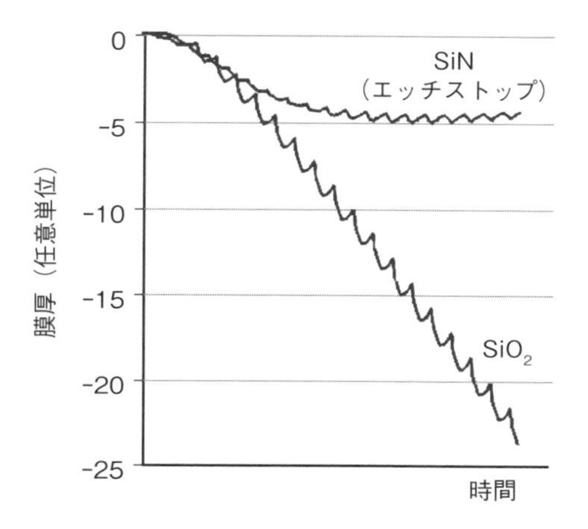

図7-11　SiO_2，SiNエッチ量の時間依存性[13)]

平坦部のSiN選択比
〜12

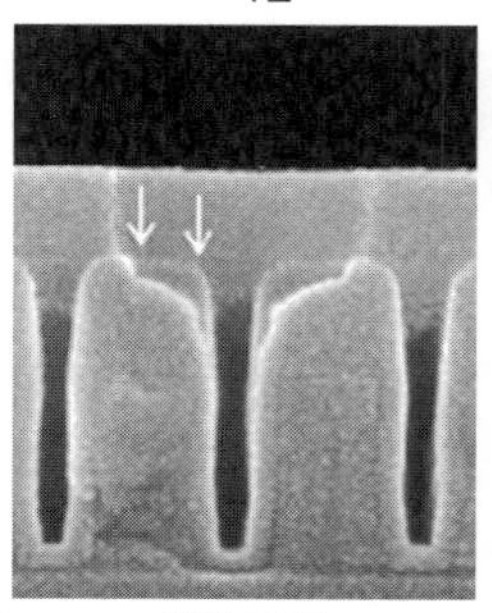

SiN ロス
11.9/22.2 nm

(a) 従来のドライエッチング

平坦部のSiN選択比
〜50

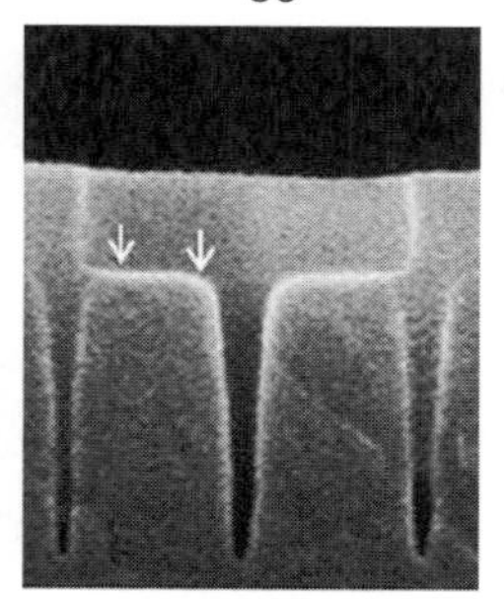

SiN ロス
3.0/6.0 nm

(b) ALE

図7-12　SiO_2 ALEのSACエッチングへの適用例[14)]

酸素を含んでいないため，SiO_2 に比べゆっくりとポリマーを消費する。その結果，ALE の 1 サイクルが終わったときに SiO_2 表面にはポリマーは残っていないが，図 7-10 に点線で示すように，SiN の表面にはある量のポリマーが残っている。したがって，**図 7-11** に示すように，SiO_2 は ALE サイクルとともにエッチングが進んで行くが，SiN は途中でエッチングが停止する[13]。その結果，非常に高いSiO_2/SiN選択比を得ることができる。**図7-12**にSiO_2 ALEを実際のSACエッチングに適用した例を示す[14]。この例では，FCポリマーの堆積（改質ステップ）に$C_4F_6/Ar/O_2$プラズマを用いており，除去ステップにArイオンを用いている。従来のドライエッチングではコーナー部のSiNロスは22.2 nmと非常に大きいが，ALEではわずか6 nmである。これは各膜上のFCポリマー膜厚をALEで精密に制御することにより，SiNをFCポリマーで保護しながらエッチングしているためである。このように，ALEでは従来のドライエッチングで見られるトレードオフを克服でき，エッチストップを発生することなくコーナーロスを低減できる。ALEを用いたSACプロセスはすでに10 nmロジックデバイスの製造に適用されている[15]。

7.6 まとめ

以上，ALEの原理から応用まで具体的な実験データをもとに解説してきた。ALEはドライエッチングの原理原則に立ち戻ったプロセスであり，本章で解説したように従来のドライエッチング技術の限界を打破する数々の特徴を持っている。ALEはようやく10 nmのロジックデバイス製造に一部使われ始めたところであるが，これからその重要性はますます増してくるものと考えられる。今後アプリケーションを拡大して行くためには，デバイス特性と関連付けた研究も含め，装置メーカーとデバイスメーカーの緊密な連携が必要である。また反応機構解明へ大学の積極的な参画が望まれる。ALEは改質ステップと除去ステップを繰り返しながらエッチングを進行させるため，どうしてもスループットが低くなってしまう。今後はALEに特化した，生産性の高い装置の開発も大きな課題である。

〔参 考 文 献〕

1) K. Nojiri：Advanced Metallization Conf., Tutorial (2017).
2) K. J. Kanarik, T. Lill, E. A. Hudson, S. Sriraman, S. Tan, J. Marks, V. Vahedi, and R. A. Gottscho：J. Vac. Sci. Technol. A **33**, 020802 (2015).
3) K J. Kanarik, S. Tan, W. Yang, T. Kim, T. Lill, A. Kabansky, E. A. Hudson, T. Ohba, K. Nojiri, J. Yu, R. Wise, I. L. Berry, Y. Pan, J. Marks, and R. A. Gottscho：J. Vac. Sci. Technol. A **35**, 05C302 (2017).
4) K. Nojiri：Ext. Abstr. Int. Conf. Solid State Devices and Materials, p.195 (2018).
5) M. N. Yoder：US patent 4,756,794 (12 July, 1988).
6) M. E. Barone and D. B. Graves：Plasma Sources Sci. Technol. **5**, 187 (1996).
7) T. Ohba, W. Yang, S. Tan, K. J. Kanarik, and K. Nojiri：Jpn. J. Appl. Phys. **56**, 06HB06 (2017).
8) S. J. Pearton, C. R. Abernathy, F. Ren, and J. R. Lothian：J. Appl. Phys. **76**, 1210 (1994).
9) K. Harafuji and K. Kawamura：Jpn. J. Appl. Phys. **47**, 1536 (2008).
10) K. J. Kanarik, S. Tan, J. Holland, A. Eppler, V. Vahedi, J. Marks, and R. A. Gottscho：Solid State Technol., p14, December (2013).
11) K. J. Kanarik, S. Tan, and R. A. Gottscho：J. Phys. Chem. Lett. **9**, 4814 (2018).
12) P. Sigmund：Phys. Rev. **184**, 383 (1969).
13) G. Delgadino, D. Lambert, R. Bhowmick, A. Jensen, D. Le, M. Lim, V, Jaju, and S. Deshmukh：Abstr. Advanced Metallization Conf., p.16 (2017).
14) M. Honda, T. Katsunuma, M. Tabara, A. Tsuji, T. Oishi, T. Hisamatsu, S. Ogawa, and Y. Kihara：J. Phys. D **50**, 234002 (2017).
15) Lam Research Corporation Press Release (September 6th, 2016).

8章
ドライエッチング技術の今後の課題と展望

8.1 ドライエッチングにおける技術革新

筆者は1975年に半導体業界に入った。その前の3年間は大学，大学院で半導体の研究を行っていたので，現在に至るまで48年の長きに渡って半導体に携わってきたことになる。その間のデバイスの微細化・高集積化とウェハの大口径化の進展には目を見張るものがある。筆者が半導体業界に入った1975年当時は，まだバイポーラの単体トランジスタが多く製造されており，ICは5μmプロセスである16kビットDRAMの生産がようやく始まったところであった。そして2020年現在，5nmノードのロジックデバイスが本格量産に入ろうとしている。また，Siウェハ径は当時75mmであったが，現在では直径300mmのウェハが使われている。まさに隔世の感がある。

ドライエッチング技術は，リソグラフィ技術とともにデバイスの微細化を牽引してきたキーテクノロジーである。筆者が半導体業界に入った1975年当時は，エッチングはウェットエッチングが主流であり，ドライエッチングはバレル型の装置がレジストのアッシング，ウェハ裏面膜除去，ボンディングパッド部の絶縁膜エッチングに使われていた程度であった。しかしこの頃すでに，アネルバの細川らによるRIEの研究が進められており，量産用のRIEドライエッチング装置として結実した。

このRIE技術は第25回大河内賞を受賞している[1)]。これによって，ドライエッチングは微細加工技術としての第一歩を踏み出した。これがドライエッチングにおける最初の技術革新である。

次なる技術革新は枚葉式ドライエッチング装置の開発,実用化である。4章で詳しく述べたように，ウェハの大口径化に対応するためにはバッチから枚葉への移行が必要であり，そのためには低圧で高密度のプラズマ形成技術が必要であった。これを実現したのが，日立の鈴木らによって開発されたECRプラズマエッチャーであり，筆者もその実用化に携わった。この技術は第36回大河内賞を受賞しているが，大河内賞の中でも最高の賞である大河内記念賞を受賞している[2)]。

ドライエッチングにはプラズマが使われるためチャージアップダメージが問題となり，一時はプラズマは今後の微細加工には使えないという声さえ聞かれた。しかしながら，1980年代後半から1990年代前半にかけて，日本を中心にチャージアップダメージに関する研究が精力的に行われ，その全容が明らかになった[3)]。日立の筆者らのグループを始めとして，東芝，富士通，Panasonic各社が，ダメージの計測からモデリングに至るまで研究し尽くした。まさに日本が世界をリードしたと言っても過言ではない。その結果多くの問題が解決され，結局，現在に至るまでプラズマが使われている。そしてこの後もプラズマは使われ続けて行くであろう。これもドライエッチングにおける技術革新の一つと言えよう。

微細加工技術に限らず，半導体の歴史の中では種々の技術革新が行われ，従来半導体製造に適用するのが不可能と思われたような技術が次々と実用化され，今日の隆盛を見るに至った。そしてこれからも色々な局面で革新的な技術が現れ，半導体産業は発展し続けると確信している。

8.2 今後の課題と展望

6章6.6節で述べたように，EUVリソグラフィ技術の本格量産への適用が遅れたことから，SADP や SAQP といったマルチパターニング技術が実用化され，デバイスの微細化を牽引してきた。EUV リソグラフィ技術はまだ生産性が低いが，7 nm ロジックデバイスから一部の工程に適用され始めた。今後 5 nm，3 nm と微細化が進むにつれ適用工程は増えて行くものと思われる。しかしながら EUV の解像限界以下のパターンの形成にはやはり SADP や SAQP は必要であり，マルチパターニング技術は今後も使われて行くであろう。

微細化を極限まで追求して集積度を高めようとする一方で，LSI を 3 次元化して集積度を高める流れがある。今後 LSI が 3 次元構造に移行することは間違いないであろう。一つは 6 章 6.8 節で述べた TSV を用いたチップ積層技術である。現在，チップ積層技術はイメージセンサーで本格量産されており[4)]，また，メモリやロジックデバイスでも一部適用が始まっている。メモリへの適用で最大の課題は製造コストを下げることであり，TSV エッチングに関して言えば，エッチ速度を高め，スループットを向上させることが求められる。LSI の 3 次元化のもう一つの流れは，デバイス構造そのものの 3 次元化である。6 章 6.7 節で述べたように，フラッシュメモリは従来のプレーナータイプからメモリセルアレイを 3 次元に積層した 3D NAND へと移行している。現在本格量産されている 96 層の 3D NAND フラッシュメモリでは，メモリホールのアスペクト比は 60 を超えている。今後層数が増えるにつれアスペクト比がさらに増すため，メモリホールエッチングに課せられる課題はますます厳しくなってくる。6 章 6.7 節で述べたように，高アスペクト比のメモリホールのエッチングでは，イオンエネルギーを高めることとエッチング中の温度制御が重要である。イオンエネルギーを高めるために低周波で高パワーの RF 電源が使われる傾向にあるが，RF パワーに関してはますます高パワー化が進むものと思われる。また，フロロカーボンの付着を制御するために，エッチング途中で温度を細かく調整する技術も必要になってくるであろう。しかしながら，このままアスペクト比が大きくなり続けるとエッチングプロセスにかかる負荷が大きくなり過ぎるため，デバイス構造を工夫してアスペクト比の増大を防ぐアプローチも提案されている[5)]。

新しいメモリとして，PCM（Phase Change Memory），MRAM（Magnetoresistive Random Access Memory），ReRAM（Resistive Random Access Memory）などが開発されている。当初はDRAMやフラッシュメモリに代わる次世代メモリとして期待されたが，微細加工が難しく，現在は主として混載メモリ（Embedded Memory）として使われている[6)]。PCMでは，Ge，Sb，TeからなるGSTなどの新材料が使われる。MRAMでは，磁性膜であるNiFe，CoFeBや，磁気抵抗膜のMgOなどが使われる。また,ReRAMでは各種金属酸化物が使われる。これらは揮発性の反応生成物が得にくい難エッチ材料であるため通常のドライエッチング技術では加工が極めて難しい。特にMRAMのような磁性材料ではイオンビームエッチングに頼らざるを得ないのが実情である。現在実用化されている混載メモリは22 nmノードのレベルであり[6)]，これ以上の微細化・高集積化を実現するためには新しいドライエッチング技術の開発が必要である。また最近，これらの新メモリをニューロモーフィック・コンピューティングのシナプスに使う研究が盛んになってきている[7)]。その意味からも微細化は必要であり，新しいドライエッチング技術が求められている。新しいアプローチとして，例えばALEの応用が考えられる。最近ヘキサフロロアセチルアセトン（Hexafluoroacetylacetone：hfac）のようなジケトンにより，揮発性の高い金属錯体を形成して遷移金属をエッチングするALE技術が報告されている[8)]。エッチングは等方性であるが，このアプローチを応用して異方性ALEが可能になれば，大きなブレイクスルーとなるであろう。

ALEはようやく10 nmのロジックデバイス製造に一部使われ始めたところであるが，従来のドライエッチング技術の限界を打破する種々の特徴を持っており，今後適用範囲が広がって行くであろう。中でも改質ステップと除去ステップを独立に制御できることや，平滑な表面が得られることは非常に大きな特徴であり，低ダメージエッチング，超高選択比エッチングへの応用，また難エッチ材の加工，表面クリーニングなど，新しい分野への応用が期待される。最近，改質ステップにプラズマを用い，除去ステップに熱エネルギーを用いるサーマル ALE が研究されている[9]。これは等方性の ALE であるが，メモリやロジックデバイスの3次元化に伴い，超高選択比の等方性エッチングが必要な工程が増えてきていることから，この分野への応用が期待できる。ALE は改質ステップと除去ステップを繰り返しながらエッチングを進行させるため，どうしてもスループットが低くなってしまう。今後は ALE に特化した，生産性の高い装置の開発も大きな課題である。

歩留りや生産性向上面では，3 章で述べたような加工寸法のウェハ面内均一性を向上させるための各種チューニングノブの開発や，ウェハ間・ロット間・チャンバ間の特性ばらつき低減のための自己診断機能やチャンバ・コンディショニング技術の開発が行われてきた。インダストリ4.0 のスマート工場（Smart Factory）では省力化のため，例えば装置がパーツ交換時期を自己診断し，自己メインテナンスするようないわゆるインテリジェント・ツール（Intelligent Tool）が求められている。最近，チャンバを開放することなくエッジリングを自動的に交換する技術により，メインテナンス頻度を著しく減らした装置も出現している[10]。今後 AI を用いた機械学習やシミュレーションを取り入れた装置・プロセス制御技術の開発が加速されて行くと思われるが，新しいモニタリング技術の開発やシミュレーションへの物理モデルの取り込みなどが必要となってくるであろう。

8.3 エンジニアとしての心構え

半導体が「産業の米」と言われてから久しいが，高度情報化社会にとって半導体はますます必要不可欠なものになってきている。半導体産業はこれからも成長を続けることは明らかであり，半導体の未来は明るいと言えよう。色々な面で微細化の限界に近づきつつあるとは言え，それを打開する 3 次元構造も実用化されている。必ずしや立ちはだかる壁を打ち破る革新的な技術が出てくると確信している。筆者自身，ECR プラズマエッチング技術の開発やチャージアップに関する研究においてそれを実感した。また，筆者は量産工場の経験があるが，現場の問題で解決できなかった問題はなかった。

ドライエッチングに課せられる要求はますます厳しくなり，そのプロセス開発はきわめて難易度が高くなってくる。経験と勘を頼りに実験を繰り返して条件を求める方法はもはや限界にきている。プラズマの中身と反応機構を考察しながらプロセスを組み立てることが必要である。ドライエッチングの反応機構はそのすべてが解明されているわけではない。しかし2章で述べたように，たとえばガス種の選定にあたり，イオンの化学的スパッタリング率や原子間の結合エネルギーを考慮するなど，いくつかの手掛かりとなる考え方や基礎データはある。必要なことは，常に基本に立ち戻るということである。ともすればブラックボックスになりがちなチャンバの中で何が起こっているのか，常に原理原則に立ち戻って考える態度が必要である。

エッチングに従事するエンジニアは，周辺技術，すなわち他のプロセス技術についての知識を持つことも必要である。また，デバイス構造やデバイス特性についても知識を深める必要がある。たとえばプラズマダメージを理解し対策を施すには，プラズマとデバイス両方の知識が必要である。

大切なことは，常に新しいものに挑戦する開拓者精神である。そして多くの人達の知見を集結させ，粘り強くやることである。それを持ってすればどんなことにも解は見つかる。新技術や新材料の開発，実用化には時間がかかる。経営者やマネージャーの方々はそれを理解し，若いエンジニアをサポートしていただきたい。

微細加工技術にプラズマはこれからも使われ続けるであろう。若い皆さんの活躍に期待して筆を置きたいと思う。

〔参 考 文 献〕

1）田中利明，花沢国雄，鵜飼勝三，細川直吉：第25回大河内賞受賞研究業績概要

(1979).
2) 鈴木敬三，川崎義直，掛樋豊，野尻一男，清水真二：第36回大河内賞受賞業績報告書（1990).
3) 半導体プロセスにおけるチャージング・ダメージ（リアライズ社，1996).
4) H. Tsugawa, et al：Tech. Dig. Int. Electron Devices Meet., p.56 (2017).
5) M. Fujiwara, et al：Tech. Dig. Int. Electron Devices Meet., p.642 (2019).
6) W. J. Gallagher, et al：Tech. Dig. Int. Electron Devices Meet., p.42 (2019).
7) W. Kim, et al：Tech. Dig. Symp. VLSI Technology, p.T66 (2019).
8) T. Ito, K. Karahashi, and S. Hamaguchi：6th International Workshop on ALE, ALE1-TuM1 (2019).
9) K. Shinoda, N. Miyoshi, H. Kobayashi, M. Izawa, T. Saeki, K. Ishikawa, and M. Hori：J. Vac. Sci. Technol. A **37**, 051002 (2019).
10) Lam Research Corporation Press Release (April 24th, 2019).

索　引

さ

ま

や

ら

数 欧

A

B

C

■著者紹介

野尻一男（のじりかずお）

1973 年　群馬大学工学部電子工学科　卒業
1975 年　群馬大学大学院工学研究科修士課程　修了
1975 年　㈱日立製作所入社。半導体事業部にて CVD，デバイスインテグレーション，ドライエッチングの研究開発に従事。特に ECR プラズマエッチング，チャージアップダメージに関して先駆的な研究を行った。また技術開発のリーダーとして数々のマネージメントを歴任。
2000 年　ラムリサーチ㈱入社，取締役・CTO に就任。
2019 年　独立し，ナノテクリサーチ代表として技術および経営のコンサルティングを行っている。

＜主な受賞＞
1989 年　「有磁場マイクロ波プラズマエッチング技術の開発と実用化」で大河内記念賞を受賞
1994 年　「低温ドライエッチング装置の開発」で機械振興協会賞通産大臣賞を受賞
2019 年　DPS Nishizawa Award を受賞

＜主な著書＞
『先端電気化学』（丸善）共著
『半導体プロセスにおけるチャージング・ダメージ』（リアライズ社）共著

現場の即戦力
改訂版　はじめての半導体ドライエッチング技術

2020 年 11 月 5 日 初版 第 1 刷発行

著　者	野尻一男
発行者	片岡　巌
発行所	株式会社技術評論社
	東京都新宿区市谷左内町 21-13
	電話　03-3513-6150　販売促進部
	03-3267-2270　書籍編集部
印刷／製本	昭和情報プロセス株式会社

ISBN978-4-297-11599-9 C3055
Printed in Japan

●装丁　田中 望